完全
シミュレーション

坂 昇二・前田栄作
（京都大学原子炉実験所）
小出裕章――【監修】

日本を滅ぼす
原発大災害

風媒社

はじめに
原子力を選択して失うもの

小出　裕章（京都大学原子炉実験所）

私が中学、高校に通っていた１９６０年代の半ば、東京ではしきりに広島・長崎原爆展が開かれていた。そして一方、１９６６年に日本初の原子力発電所＝東海１号炉が動き始め、１９７０年からは敦賀、美浜の２つの原子力発電所も動こうとしていた。原爆に示された核兵器の巨大な破壊力を見、一方で、それを「平和」的に利用すれば人類の未来のエネルギー源になるとの宣伝がいきわたり、私は自分の人生を原子力にかけることにした。

しかし、その場で私が出会った原子力の姿は私の期待を打ち砕くのに十分であった。１基の原子力発電所は広島原爆が燃やしたウランの１０００発分のウランを毎年燃やす。当然、それだけの核分裂生成物、いわゆる死の灰を生む。そんな危険な機械を都会に置くことはできず、すべての原子力発電所は過疎地に建てられることになった。高度経済成長のもと、人や仕事はますます都会に集中し、過疎地はますます過疎化していった。財政的にも破綻した過疎地はカネの前に屈服せざるを得なかったし、周辺から危険物を排除した都会は、原子力に向き合う機会を失った。

今現在、世界には４２９基の原子力発電所があるが、日本を除いたそれはほとんど例外なく地震地帯を避けて建設されている。しかし、日本は世界一の地震国であり、地震から免れる場所などどこにもない。その日本に私たちはすでに55基もの原子力発電所を林立させてしまった。そして、２００７年7月16日、原子力推進派が否定してきた地震が柏崎・刈羽原子力発電所を襲った。そこには合計出力で８２１万キロワットに達する7基の原子炉が設置されており、世界一巨大な原子力発電所である。それを運転している東京電力は、敷地付近に活断層があるとの住民の主張を無視し、どんなに大きくてもマグニチュード6・5以上の地震は起こらないとした。さらに敷地が軟弱な地盤だとの住民の主張にも耳を貸さなかった。そして、日本の国はその東電の主張を認めて、お墨付きを与えた。しかし、事実として今回起きた地震は、原子力発電所の直下に活断層があることを示したし、起きた地震のマグニチュードは6・8、地震の規模を尺度にすると、推進派が想定した最大の地震の3倍もの地震であった。住民が指摘したとおり岩盤が弱いこととも相まって、発電所は惨憺たる有様となった。

地震が起きた直後に、変圧器の一部から発火。本来は発電所の自衛消防隊が消火するはずであったが自衛消防隊は組織できなかった。それでも4人の所員が消火作業に当たたろうとしたが、消火栓配管が破断してしまっていて水は出なかった。油の火災で危険が伴うとの判断で、柏崎市の消防隊が到着するまで全くなす術もないまま火災の進行を傍観した。一方、その破断した消火栓配管からの水は地面に溢れただけでなく、建屋の破壊箇所から管理区域内に流入し、地下の放射性廃水貯留槽に流入、溢れさせ、地下全体に放射能汚染を広げた。

また、使用済み燃料プールからも水が溢れ、一部の水は建屋の破損箇所から非管理区域へ、そして海へ流出したし、排気筒からはヨウ素などの放射能が大気中に流出した。一方、こうした事態のためにインターネット上でリアルタイムに公開されてきた環境モニタリングデータは、地震直後から「調整中」なる表示に変わって全く見えなくなってしまった。それでも、東京電力は、「安全です」「環境への影響はありません」とだけ言い続けた。

管理区域内の破壊状況も今現在少しずつ公表されてきたが、使用済み核燃料や原子炉圧力容器上蓋の移動に使うクレーンは車軸が折れていたし、使用済み核燃料の移動に使う作業架台が使用済み核燃料の上に落下していたりした。今後、さらに重大な損傷が次々と明らかになるであろう。

一体、私たちは原子力をどうすればいいのだろう？　柏崎・刈羽原子力発電所が、仮に破損の補修を終えて運転を再開するとしても、都会には建てられない程の危険物を内包する事実は消えない。直下に活断層がある事実も消えない。地盤が劣悪である事実も消えない。ならば、根本的な対策はこの発電所を放棄することである。柏崎・刈羽原子力発電所だけではない。たとえば、静岡県の浜岡原子力発電所は、近い将来に必ず起きると言われている東海地震の予想震源域の中心にある。東海地震はマグニチュード8～8・5になると予想されており、今回の中越沖地震に比べれば300倍も巨大な地震である。

今現在、日本の電力の3割が原子力発電所から供給されているから、もう原子力から撤退できないと国や電力会社は言う。しかし、日本には年間の設備利用率が5割にも満たない膨大な数の火力発電所がすでにある。仮に、原子力発電が供給している電力をすべて火力発電から供給するようにしても、なおかつ火力発電所の設備利用率は7割にしかならない。真夏の最大電力需要が生じる時でさえ、火力発電と水力発電で足りる。今であれば、私たちは原子力発電から足を洗うことができる。

志賀原子力発電所の臨界事故隠しが発覚して以降、さらに深刻な事故隠しがあちこちの原子力発電所で発覚してきた。それらは、日本の原子力が著しい欠陥のもとで進められていることを示している。巨大な危険を内包している原子力発電所を、今、私たちが廃絶できなければ、私たちは私たちの未来を失う。

日本を滅ぼす原発大災害　目次

第3章　日本を滅ぼす〝原発震災〟　107

第1章　隠された臨界事故

15分間の原子炉暴走

1999年6月18日午前2時18分、志賀原発1号機の制御室に警報が高く鳴り響いた。原子炉の危険を知らせる緊急停止信号だった。運転員がモニタをチェックすると、出力状態を示す数値が各チャンネルで表示範囲を逸脱していた。原子炉が暴走状態になっているのだ。すぐさま緊急停止を行なおうとしたが、原子炉を停止することはできなかった。同時に四つの警報が鳴り始めた。この後、午前2時32分までの15分間に合計12の警報が鳴る。

原子炉の内部では、コントロールを失った核分裂反応が進行していた。核分裂が起きる臨界状態が無制限に続いていたのだ。このままでは最悪の事態になる怖れがあった。ウランを原料とする燃料棒が熱のために溶け出し、原子炉が破壊される。

当直長は制御棒の異変に気がついた。原子炉に挿入されているはずの制御棒のうち3本が脱け落ちていた。制御棒は、原子炉を安全に運転するためのブレーキとアクセルの役割をするものだ。核分裂で発生する中性子を吸収しやすい物質でできており、原子炉を起動する時は少しずつ引き抜き、停止させたい時は制御棒を全挿入する。その制御棒が抜け落ちたまま、挿入不能になってしまったのだ。この時、原子炉圧力容器の蓋が開いていた。放射性物質の拡散を防ぐことが目的の格納容器の蓋も取り去られていた。炉心が暴走したら、取り返しのつかない結果が待ち受けていた。

しかし、原因を把握するまでには、なお時間がかかった。午前2時25分、「弁を元に戻せ！」の指示が全館放送で響き渡った。制御棒の上下動は水圧を利用して行なわれる。水圧を調節する弁が閉まっているために、駆動しないのだと当直長は判断した。原発内部には数多くの水圧弁が存在する。運転員たちは、手作業であらゆる弁をこじ開けた。

8分後の午前2時33分、脱落していた制御棒が原子炉に挿入された。警報が鳴り止み、赤ランプの点滅が消えた。15分間の臨界事故は、こうしてきわどく収束することができた。記録を見ると、制御棒が抜け落ちてから原子炉で超臨界が起きるまでにかかった時間は、わずか2秒。発電出力54万キロワットの志賀原発1号機の約15％に相当するエネルギーが、この瞬間に発生していた。臨界事故の恐ろしさをまざまざと示す数字であった。

誰も事故に気づかなかった

志賀1号機は当時、4月末から2カ月の期間、定期点検を行なっているところだった。事故は定期点検の真っ最中に起きたことになる。事故の4日前の6月14日、発電所の非常用発電機にひび割れが生じているのが発見された。作業員たちはその原因究明に追われていたが、時間も人手も限られた定期検査である。同時にしなければならないことはいくつもあった。

事故当日18日の深夜、午前2時8分。電気保修課の作業員が「原子炉停止機能強化工事」の確認試験を行なった。重大事故に備えて、新しく導入した制御棒の挿入システムのテストである。制御棒1本だけを動かすこの「単体スクラムテスト」を行なうには、他の88本の制御棒を挿入状態に固定しておかねばならない。固定することを「隔離」といい、人間が手動で水圧弁の開閉をして行なうのだが、この作業マニュアルに間違いがあった。

志賀1号機は沸騰水型原子炉（BWR）という形式で、制御棒の出し入れは水圧を利用して行なわれる。引抜用駆動水入口と挿入用駆動水入口という二つの弁にかける水圧の差で制御棒を動かし、原子炉の下から差し込むという構造である。89本の制御棒1本1本に二つの弁が取り付けられている。作業員は挿入されている制御棒を隔離するため、マニュアル通りにこれらの弁を閉じていった。その結果、高圧となった水の行き場がなくなってしまい、制御棒を押し下げる方向に力が働いてしまったのである。

少しずつ下がっていく制御棒の動きに気づく作業員は誰も存在せず、次々に弁が閉められていった。本来ならこうした異常が起きると警報信号が鳴るのだが、テスト中のために警報機能もオフにされていた。こうして燃料ウランを全装荷したまま停止していた原子炉が、勝手に動き始めたのであった。

臨界事故の発生を隠していた志賀原発（石川県）

チェルノブイリ事故と同じ「即発臨界」

臨界事故の公表後、日本原子力技術協会が事故当時は、「最悪なら急激な核反応が一気に起きる即発臨界の状態になっていた可能性があった」と発表している。即発臨界とは、制御棒では食い止められないような出力の上昇が起こる臨界状態のことである。原子炉内では核分裂反応により中性子が発生するが、中性子には「即発中性子」と「遅発中性子」の2種類がある。即発中性子はわずか0・0001秒の寿命しか持たず、瞬時に核分裂反応を連鎖的に引き起こす。原子炉の平常運転時は、遅発性中性子が一定の割合で存在するため、反応速度が安定的に保たれている。ところが即発臨界になると、原子炉の出力が急激に上昇し、燃料棒が溶けて破損したり、燃料棒を包んでいる金属が冷却水と反応して水素を発生し爆発するといった重大事故につながる。旧ソビエト連邦のウクライナ（現ウクライナ共和国）で起きたチェルノブイリ事故の原因は、この即発臨界が起きたためと考えられている。

志賀原発のケースでは、原子炉の破局を食い止めたのは、燃料棒の温度上昇だった。また、制御棒がゆっくりと動いたことも幸いだった。温度の上昇により中性子を吸収しやすくなる反応（ドップラー効果）が自然に働いたからである。それでも制御棒が挿入できないために、臨界状態は止まらなかった。事故発生から15分間、原子炉は人間のコントロールを失い、暴走を続けたのだった。

ひた隠しにされた事故

事故の収束直後、当直長が発電課長に電話連絡を入れた。次々に関係者に連絡が取られ、午前3時から4時のあいだに宮越発電所長以下14人が緊急時対策所に集合した。このときすでに外部への第一報の目安とされる30分を大幅に過ぎていた。発電課長から説明を受けた辻井所長代理らは「臨界事故が起きた」と考えていた。しかし、宮越発電所長は「臨界というほどのことではない」と説明した。

午前4時43分、発電所、北陸電力本店原子力部（富山市）、東京支社、石川支店の間でテレビ会議が開かれた。発電所は「制御棒過挿入により位置不明の表示となった。何らかのノイズ（誤信号）によってモニターに信号が入っただけで、実際には出力が上がっていない」と報告した。また北陸電力の報告書によれば、2カ月後に志賀2号機の着工を控えており、「外部に出ると2号機の工程に遅れが出る」ことを心配して、社外へは秘密にすることを決めたという。4日前に起きていた非常用発電機のひび割れ発覚で、県議団が石川県と北陸電力に申し入れを行なったのは、ほんの昨日のことだった。

発電課長は当直長へ会議の結論を伝え、引継日誌に事故に関する記述はしないようにと指示した。原子炉や制御棒の動きを示す記録を破棄させ、臨界状態を示している中性子の計量モニターには「点検」と手で書き込ませた。

こうして志賀原発1号機の臨界事故は、発生から8年間ものあいだひた隠しにされた。事故が発覚したのは、全社員アンケートで一人の社員が告白をしたからだった。

そもそもの発端は、2006年10月に中国電力が土用ダム（岡山県真庭郡）の沈下量データを改ざんしていた事件の発覚だった。その後、データ改ざんは水力、火力発電だけでなく原発でも次々と見つかり、原子力安全・保安院はすべての原発に一斉点検を命じた。北陸電力の全社員からの聞き取りもその一環で行なわれたものだった。保安院への報告期限が迫った2007年3月、東京電力、東北電力が原子炉の緊急停止を隠蔽していたことが明るみに出た。この報道に危機感を抱いた北電社員が、報告期限ぎりぎりになって臨界事故の発生を申告したのである。

志賀原発だけではなかった

国会では与野党から、電力会社の姿勢を非難する答弁が相次いだ。管掌省庁の甘利経済産業大臣も「看過できない。電力会社を隠蔽体質から脱却させたい」と予算委員会で発言している。だが、重大事故隠しの波紋はさらに拡大する。3月19日には、浜岡原発3号機（中部電力）、女川1号機（東北電力）で同様の制御棒脱落が起きていたことが判明、翌20日にも東京電力の福島第二原発3号機、柏崎刈羽1号機で同じ事故が起きていたことが明るみに出た。つづく22日には、78年に福島第一原発3号機で7時間半にわたる臨界状態が発生していたことがわかった。

この事故では30年近くのあいだ隠蔽が行なわれていた。

事故の発生から収束、隠蔽にいたる経緯は、東京電力側の記録が廃棄されているために完全には明らかにされていない。わずかに原子炉メーカー東芝の技術者による手書きのメモが残されているばかりだ。メモには、中性子の状態を計る計測器が7時間半ものあいだ振り切れていたことを示すグラフが描かれていた。原子炉が制御不能の状態に陥っていたのである。当時の運転員などの証言から、およそ次のような推移をたどったと考えられている。

1978年11月、定期点検中の原子炉から制御棒5本が抜け落ちた。原子炉は臨界状態になったが、作業員はだれもこの事態に気がつかなかった。当時の当直副長は聞き取り調査に、「朝8時半ごろ出勤すると、中央制御室の計測器の前で夜の当直員たちが集まっていた。制御棒が抜けた状態だったので、急いで入れるよう指示した」と答えており、「(事故のことを)周りの人に話した記憶はない」と認めている。

東京電力の小森明生原子力運営部長は3月30日に記者会見を開き、この事故が臨界事故だったことを認めたが、「記録が存在しない」「記憶があいまいな証言が多い」ことを理由に詳しい報告を避けている。また、「局所的な臨界で核分裂は安定していた。重く受け止めるが、(報告漏れは)法令違反にはあたらないと考える」と発言した。志賀原発と違い、証拠がないことを理由に運転停止処分を免れてしまった。

放射線被曝の恐怖

原発が運転しているとき、原子炉の中では臨界状態がつづいている。「臨界」とはウラン燃料の核分裂反応が連鎖的に継続している状態のことである。原発は、この核分裂反応によって生み出される熱エネルギーを利用して発電を行なう。当然、核分裂反応は人間の完全なコントロール下に置かれていなければならない。過剰な反応速度が生じたりすれば、原子炉は暴走してしまう。そのために制御棒を挿入して反応の調整を行なうのだ。それゆえ一連の制御棒脱落事故は、原発運転上の致命的な問題であった。「臨界事故」とは原子炉が暴走したという意味だからである。

志賀原発で事故が発生した3年後の1999年9月30日、世界の原子力史上特筆すべき悲惨な臨界事故が起きている。茨城県東海村の「JCO臨界事故」である。たぶん、一般の日本人が「臨界事故」という言葉を聞いたのは、このときが初めてだったのではないだろうか。原発で起きる臨界事故に比べれば、はるかに小さな規模である。発生の経緯や原因も異なるが、放射線被曝が犠牲者にどんな悲劇もたらすか知っておくためにも、このJCO臨界事故についてふれてみたい。

事故は、原発で使用する核燃料を製造する「ジェー・シー・オー（ＪＣＯ）東海事業所」内の転換試験棟で起きた。ＪＣＯは住友金属鉱山の子会社で、事故が起きた建屋では高速増殖実験炉「常陽」で使う濃縮ウラン燃料の加工作業が行なわれていた。ウランを燃料として使用するためには、原料を濃縮し、核分裂反応しやすい性質のウラン２３５の含有量を高めてやらなければならない。

9月30日午前10時、工場の「作業手順書」通り、ステンレス製のバケツの中で濃縮ウランを溶かし、それを沈殿槽に流しこむ作業を行なっていたとき、パシッという音とともに「青い光」が放たれた。臨界に達したときに現れる「チェレンコフ光」だった。作業にあたっていた二人の社員が、至近距離から直接放射線を浴びた。別室で事務作業をしていた上司も多量の放射線を被曝した。更衣室に走りこんだ社員たちは、突然嘔吐し、そのまま昏倒して意識を失った。

転換試験棟には「裸の原子炉」が出現していた。コントロールがまったく効かないうえ、放射線を防ぐ防護壁もない。もともと通常よりも高い濃度に濃縮されていた燃料ウランを溶液化する過程で、臨界に達する条件が満たされてしまったのである。核分裂を起こしやすいウラン２３５が、一定の条件のもとに一定の量集まっていなければ臨界にはならない。本来の「作業手順書」には、それらの条件がそろうことを回避するための手順が記されていた。しかし、工場ではより能率を上げるための「裏マニュアル」がまかり通っていた。大きな沈殿タンクに溶液をバケツ7杯分も流し込んでいたのである。さらにいえば被曝して亡くなった社員のうちの一人は、この作業を行なうのはこれが初めてだった。

事故発生直後、東海村は現場から半径350メートル以内の住民約150人に避難を要請した。3時間半後には、隣接する那珂町住民にも同様の避難を求めたが、臨界は止まらなかった。事故発生から約12時間後の午後10時近くになって、半径10キロ圏内の住民31万人に屋内退避勧告が出された。近隣の住民の被曝も明らかになり、避難した人々は衣服や頭髪の放射線量を入念にチェックされた。子どもたちにはヨウ素剤を飲ませ、甲状腺に放射性ヨウ素が蓄積するのを防ぐ措置が取られた。

いっこうに衰える気配を見せない「裸の原子炉」を消滅するために決死隊が組織された。JCOの社員たちが中性子線を放ち続ける沈殿タンクに次々と近づいて、水抜きの作業を行なった。これが功を奏して、事故発生から約20時間後の翌10月1日午前6時15分、放射線の量が下がり、臨界は収束を迎えた。しかし決死の作業を行なった24人の社員たちは、全員重大な被曝をしてしまっていた。

被曝により奪われたいのち

「JCO臨界事故」は、放射線事故の恐ろしさをまざまざと見せつけるものだった。しかし、本当に恐ろしいのは事故後に待っていた被曝者の運命だった。彼らのからだに、取り返しのつかない事態が確実に進行していった。

工場で作業にあたっていた二人の社員、大内久さんと篠原理人さんは、考えうるあらゆる手立てを尽くした治療、ケアを受けた。しかし、二人の身体は医師たちの超人的努力をあざ笑うかのように、壮絶な容態を示していった。

人の致死量とされる被曝線量は7000ミリシーベルト。これを一度に浴びるとほとんど100%の人が死亡し、3000ミリシーベルト以上で半数が死亡する。大内さんが浴びた放射線量は「20シーベルト（＝2万ミリシーベルト）」、考えられないほど多量の放射線は、大内さんの身体を破壊してしまった。染色体は断ち切られ、ばらばらに砕けていた。細胞は再生能力を失い、放射線を浴びた身体前面の表皮は失われていった。

被曝の影響はからだのすみずみにまで及び、大内さんは被曝83日目、ついに帰らぬ人となった。司法解剖が行なわれ、胃腸に多量の血液がたまっていることがわかった。消化器はまったく機能していなかったのだ。また、からだの粘膜もすべて失われていたし、骨髄の造血幹細胞も障害を受け、ほとんど消滅していた。放射線の影響を最も受けにくいとされる筋肉細胞もずたずたに破壊されていた。大胸筋の写真を見ると、筋肉繊維はまったく存在せず、細胞膜だけが抜け殻のようにその痕跡をとどめている。

大内さんと一緒に作業していた篠原さんも被曝211日目に息を引き取った。大内さんの約半分にあたる6~10シーベルトの放射線を浴びており、致死量をはるかに超えていた。別室で作業を監督していた社員、臨界収束に挑んだ社員24名は、現在も放射線障害の恐怖と闘いながら生活をしている。定期的に検査を受け、身体に異常が発生していないかを常に見張り続けていなければならない。

第二の臨界事故があった

志賀原発と福島第一原発の臨界事故発生時に、近くにいた作業員がどの程度の被曝を受けたのか、報告書にはまったく記載されていない。平常運転時と違い定期点検時には、原子炉圧力容器や格納容器の蓋が取り外されている。防護壁を取り去られた状態で事故が起きれば、当然多量の放射線が漏洩する。その点でも電力会社は「記録がなくてわからない」を繰り返すばかりだ。

東京電力は、さらにもう一つの臨界事故を隠していた。1984年10月21日に、やはり福島第一原発の2号機で臨界事故が起きていたのだ。

当時2号機では、配管や弁に漏れがないかを調べる点検中だった。作業中は原子炉を停止しておかねばならないから、運転員は制御棒を挿入状態にしていた。ところが未臨界状態を長く保ちすぎたために、炉内の水温が下がって核分裂反応が始まり、臨界状態が出現してしまったのだ。中央制御室に緊急停止信号が出て、警報が鳴った。あわてて原子炉は緊急停止されたが、その時、原子炉格納容器の中には100人もの人間が入って作業をしていた。

原子炉の暴走は「数秒程度で収まり」、「臨界は低く安定しており、危険な状態ではなかった」（東京電力・武黒一郎常務）という。さらに事故の原因は「未熟な運転員の操作ミス」として片づけられ、「基準を超えた被曝はない」と報告された。しかし、そもそも事故そのものを隠しているのだから、自己申告の内容をどこまで信じてよいかわかったものではない。あわや大量被曝の事態であるという自覚が、ここにはまるで感じられない。

作業員の被曝とともに気にかかるのは、事故後の原子炉の検証を行なっていないことである。臨界事故を起こすと燃料棒が損傷をしている可能性がある。当時、その確認が行なわれたのかどうかも疑わしい。そのままの状態で原発の運転を続けてきたとしたら、これは悪質といわねばならない。

不正のバーゲンセール

発電所不正総点検の結果、臨界事故隠し、緊急停止隠しなど12の原発で見つかった不正は97項目にものぼった。複数の原発で同様の不正が起きた場合も1項目として報告されているので、実際の不正件数はその何十倍となり、数千件に達する。

２００７年3月23日に電気事業連合会会長である勝俣恒久東京電力社長は、「電力業界の信頼を大きく損なった」として謝罪会見を開いた。原発で悪質な不正が最も多かったのは東京電力である。しかし自身の進退などの責任問題にはいっさいふれず、事故の続発した沸騰水型原子炉のメーカー東芝や日立製作所に対しても、「操作ミスの方向が強い」として製造者の責任を問わない方針を語った。

翌月の4月20日には、甘利経済産業大臣と原子力安全・保安院は、電力会社の臨界事故隠蔽、検査偽装、不正報告などの違法行為に対して、運転停止などの重い処分は取らないことを発表した。電力会社に対しての処分は、重大事故が起きた場合は経営責任者にただちに報告がされるよう「保安規定の変更」を命じ、直近の定期検査を数週間延長する「特別検査」にすることを申し付けるに止まった。一人の経営者の首さえ飛ばない、異例の甘い処分であった。

発表を取材したA新聞の記者は、「普通なら全社トップ交代じゃないか。民間の会社ならつぶれてもおかしくない」と吐き捨てた。おりしも食品メーカー不二家の賞味期限切れ原料使用問題、関西テレビ「発掘！あるある大事典」の納豆ダイエット捏造問題が世間をにぎわせていた。不二家は創業者一族が経営から退き、山崎製パンに身売りが決まった。また関西テレビは社長が引責辞任を表明し、「電波法による免許停止措置の可能性」という大きなおまけがつく事態にまで発展した。

事の大小、深刻さからいえば原発の事故隠しは、スケールの違う大問題だった。それなのに国は、「事故の隠蔽は原子炉等規制法違反にあたるがすでに3年の時効を過ぎている」として、手っ取り早く幕引きを決めてしまった。

「まるで不正のバーゲンセール。この際まとめて甘い処分をくれてやるから、全部出してこいといわんばかり。国の意図が透けて見える」と記者は苦々しく感想を述べた。

一連の事故には共通点があった。それは意図しない時に制御棒の脱落が起きたことであり、いずれも沸騰水型の原子炉で事故が発生しているということだ。だが、追及はその点にも及ばず、社内の連絡網の不備を是正し、操作手順のミスをなくせというにすぎなかった。

沸騰水型原子炉の決定的な欠陥

２００７年５月11日、大阪府熊取町の京都大学原子炉実験所で「第１０３回原子力安全問題ゼミ」が開かれた。今回のゼミのテーマは「ＢＷＲ臨界事故と日本の原子力安全文化」、報告者は元京都大学原子炉実験所の小林圭二氏である。ＢＷＲとは沸騰水型原子炉の略称である。小林氏はゼミの中で、志賀原発の臨界事故を例に、ＢＷＲの構造上の欠陥を指摘した。

「ＢＷＲは構造上原子炉の下から制御棒を挿入するため、単純に重力の問題からいっても無理が生じる。実際の制御棒の制動は水圧の差を操作して行なうかなり複雑なシステム。定期点検中のちょっとした手順ミスから臨界事故が起きるのは、ソフトの問題ではなくハード面の基本設計の根本に問題があるからです」

東京電力や中部電力が採用しているＢＷＲ原発の制御棒は、水圧操作によって原子炉の底から出し入れする。制御棒の下部に取り付けられたピストンにより、下から高い水圧をかけることによって制御棒は燃料棒の間へ挿入され、上から高い圧力をかければ制御棒は燃料棒から引き抜かれる。ピストンの上と下への圧力は弁の操作などによって行なわれる。その弁が閉じられてしまえば、もはや制御棒の制動をコントロールすることはできない。また、制御棒はたとえ抜け落ちても約15センチまでで止まる仕掛けになっている。「インデックスチューブ」に15センチ刻みに溝が作られており、その溝にコレットフィンガーという爪が引っかかって、それ以上落下しないようにしてあるのだ（図参照）。その仕掛けも今回の事故では働かなかった。予想できなかった水圧のかかり方で、爪が開いたままに保持されてしまい、その状態で制御棒が落下したのである。志賀原発では最大で１５０センチも引き抜かれた。

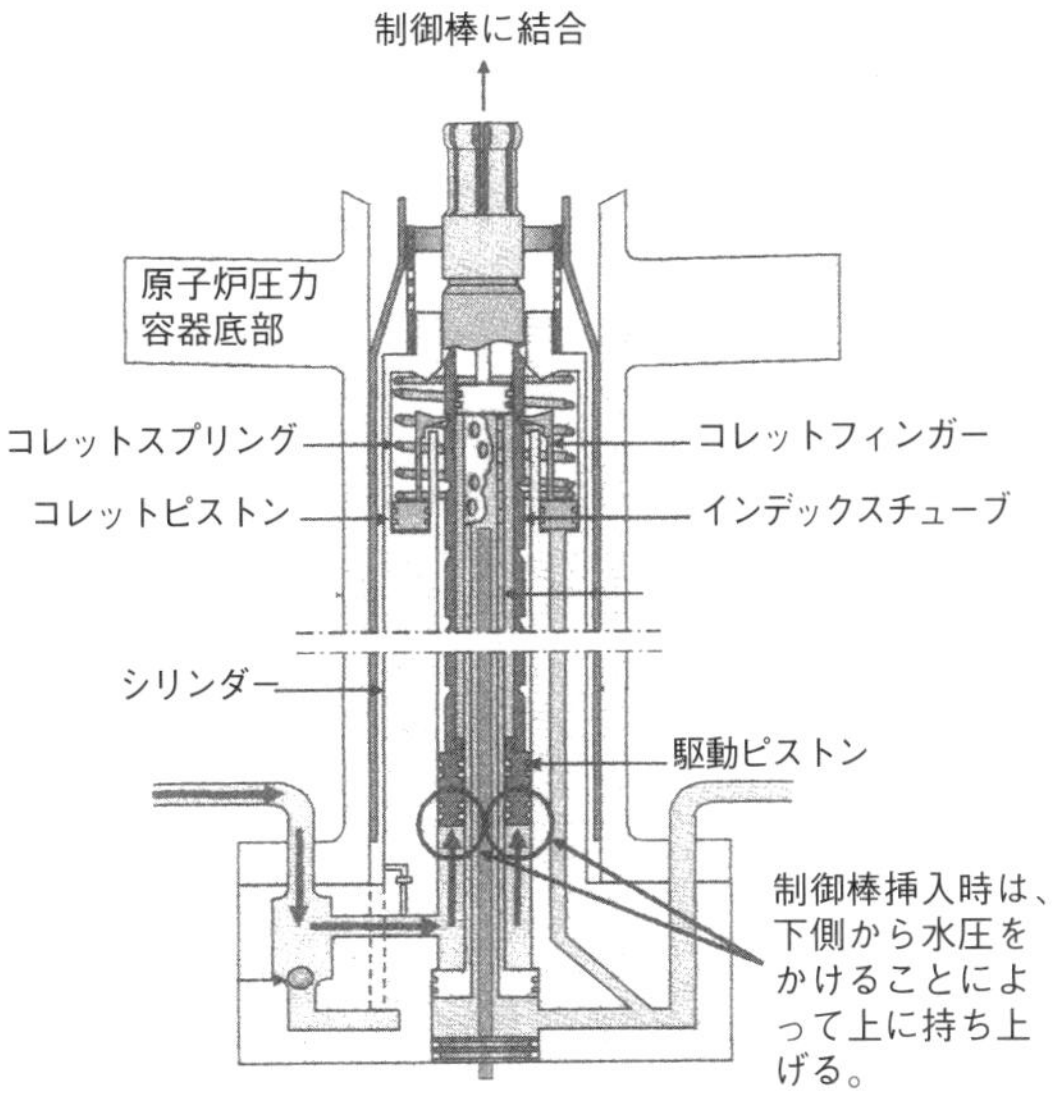

「原発が危険なものであることは、電力会社もメーカーも十分にわかって

いる。だからよくいわれる〈フェイル・セーフ〉〈フール・プルーフ〉をハード面で最大限取り入れることが、設計上絶対の基本理念になります」（小林氏）

つまり、どのような手順ミスや失敗があっても、原子炉が絶対に暴走しないように設計されていなければならない。はからずも今回の二つの臨界事故では、ハード面だけでなくソフト面での基本理念の欠如まであらわになっている。作業員の誰も制御棒の抜け落ちに気がつかず、警報が鳴ったあとも対処できないまま、いたずらに時間が経過していった。

原子力安全ゼミに参加していた小山英之氏（「美浜・大飯・高浜原発に反対する大阪の会」代表）によれば、ＢＷＲ原発の構造問題は次の2点に集約される。一つは、制御棒の「隔離」が必要なこと。もう一つは隔離中には「スクラム」ができないこと。これらはＢＷＲ原発固有の根本的欠陥であるという。

制御棒の「隔離」とは、駆動装置の弁を手動で閉じて、制御棒の全挿入状態を維持することをいう。制御棒はそれぞれに駆動装置がついており、1本ずつ動かす仕組みになっている。定期点検や燃料の装荷時には、それらの弁を一つひとつ閉じていかなければならない。作業中に制御棒が引き抜かれて原子炉が動き始めるおそれがあるからだ。

「スクラム」というのは、原子炉が危険な状態なったときに制御棒を一斉挿入することだ。

チェルノブイリの事故ではこのスクラムの失敗が大きな原因となった。制御棒を挿入状態に保つために「隔離」しているのだから、この状態では制御棒を動かすことができない。志賀原発の事故では、制御棒を動かすために再び手動で弁を開いてやらねばならなかった。

「臨界防止のために取った措置によって逆に制御棒の脱落が起こり、臨界事故が発生したという根本的な矛盾が起きた。操作ミスがあっても事故にならないような安全装置は存在しないことが明らかになった」（小山英之氏）のである。

制御棒が34本抜けた

ＢＷＲ原子炉の構造的欠陥を示すのに端的な事故も起きている。98年の福島第一原発４号機事故である。この事故では、全１３７本中34本の制御棒が一挙に脱落するという考えられない事態が起きた。幸い15センチほどしか抜けなかったため、臨界には至らなかったらしい。しかし、「そもそも複数本同時に抜ける構造ではないのに、それが起きたことが問題」（京都大学原子炉研究所・小林圭二氏）なのである。原因が原子炉の圧力が急激に低下したためという点も、「新しい発見」であった。

同じく東京電力の柏崎刈羽原発６号機は、改良型ＢＷＲ（ＡＢＷＲ）で同じ事故を起こしている。脱落事故が起きたのは96年6月10日、水圧ではなく電動で複数本の制御棒を同時に動かすことを可能にしたタイプの原発であるにもかかわらず、「誤信号」のために4本の制御棒が230センチも抜けてしまった。

「BWRは今すぐ止めるべきです。『安全のため』といってスクラム機能を殺したことが、逆に重大事故の原因になる。こんな技術はダメです」(小林圭二氏)

電力各社は不正防止対策の中で、制御棒脱落防止装置を検討すると報告している。東京電力は2007年秋から定期点検に入る原発に順次取り付けていくことを決めた。原子炉の構造欠陥を自ら認めたかたちだ。しかし、そんなつぎはぎのシステムで、事故を根絶できるとは思えない。また取り付けるなら、今すぐ全ての原発でやらなければ意味がない。100万キロワット級の原発は1日に2億円の利益を生むという。その銭勘定を捨て去り、安全の確保を緊急課題とすべきだろう。

それにしても、こうした事故が定期検査やテストの最中に頻繁に起きるのはなぜなのだろう。

「安全面への配慮が運転中ばかりに向けられ、停止中は野放しになっているのです。検査中はしばしば安全装置を外す必要に迫られる。つまり、ミスや予期せぬ事態の発生しやすい状況なのに、逆に安全性が軽視されている。だから事故が検査中に多発する」（小林氏）。

なぜ検査中の安全を軽視するのかというと、時間をかけたくない、お金をかけたくない、人手をかけたくないという効率主義がまかり通っているためだ。その背景には電力の自由化によるコスト引き下げ圧力が働いている。検査中の安全対策は皆無に近い状態なのである。

「検査中といっても原子炉は動いている。本当に安全を確保するなら、燃料を取り除くなどして、試験を未臨界の状態で行なうべき」と小林氏はいう。

志賀原発事故で、東京・大阪・名古屋、三大都市が死の街に！

もしも志賀原発、福島第一原発の臨界事故が、破局的な事態に発展していたら、いったいどうなっていたのだろうか。それを検証するシミュレーションが存在する。京都大学原子炉実験所で原発の事故災害評価を研究してきた故・瀬尾健氏の著作『原発事故…その時、あなたは！』（小社刊）である。日本の主要な原発で破局的な事故が起きた場合、どのような被害がどれだけのエリアにどれほどの影響を与えるかが緻密な計算に基づいて予想されている。志賀原発、福島第一原発の事故もシミュレーションされており、ここではその予想結果を詳しく見てみたい。

瀬尾氏が取り上げているのは、臨界事故のあった志賀1号機。北陸電力が運転する志賀原発には現在2つの原子炉が設置されており、1号機の出力は54万キロワット。現在主流の100万キロワット級原子炉に比べれば小さな原子炉ということができる。志賀原発は金沢市の北東およそ50キロ、能登半島の西岸に位置している。近隣には、南直下18キロに人口2万6000人の羽咋市、真東18キロに人口4万8000人の七尾市、北東40キロには2万8000人の輪島市がある。

さて、まずは**図1**を見てほしい。原発を中心に5つの同心円が描かれており、それぞれの円内に居住する住民に放射能による急性障害が現れて死亡する割合を示している。

一番内側の円は、原発から半径7キロのエリアで、破局的事故が起きた場合の急性死亡率は99%である。次の円が原発から半径9キロ圏内で急性死亡率90%。以下、外に向かうにしたがって半径11キロで急性死亡率50%、半径14キロで10%、半径15キロで5%を示す。当日の風向きによって放射能の流れる方向は異なるから、事故と同時に全方向でこの急性死が現れるわけではない。しかし南に風が向かえば急性死亡率99%圏内の志賀町で約1万8000人の死者が出る。10%圏内には羽咋市が含まれており、約3000人が犠牲になるだろう。また、北に風が向かえば急性死亡率90%圏内の富来町で約1万3000人もの急性死者が

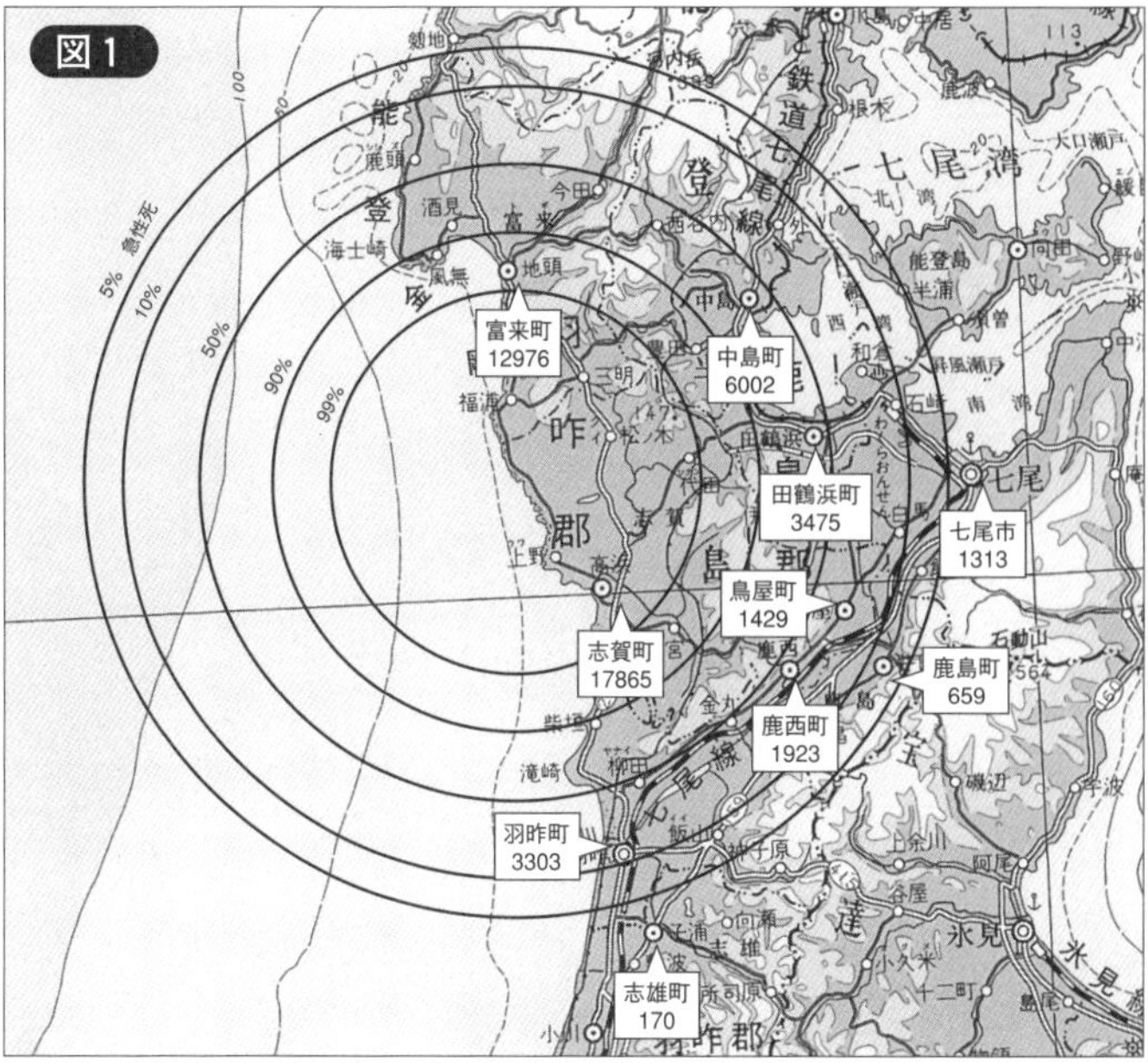

※市町村名は旧名を使用（以下同）

出ることが予想される。もちろん住民はほとんど全滅してしまう。東に目を転じても七尾市に影響が及ぶ。かろうじて急性死5％圏の外だが、１３００人以上の住民が急性放射線障害で死亡するのだ。

図2は、原発を中心としてそれぞれの角度の地域で、流れ出した放射能の影響による死者が何人出るかを予想したものだ（鳥かん図及びレーダーチャート）。犠牲者数は急性死ではなく、放射能の晩発性影響によるガン死者数である。角度１２０度の先には東京がある。南東へ風が吹いた場合、首都圏に影響は広がり、ガン死者は64万人に

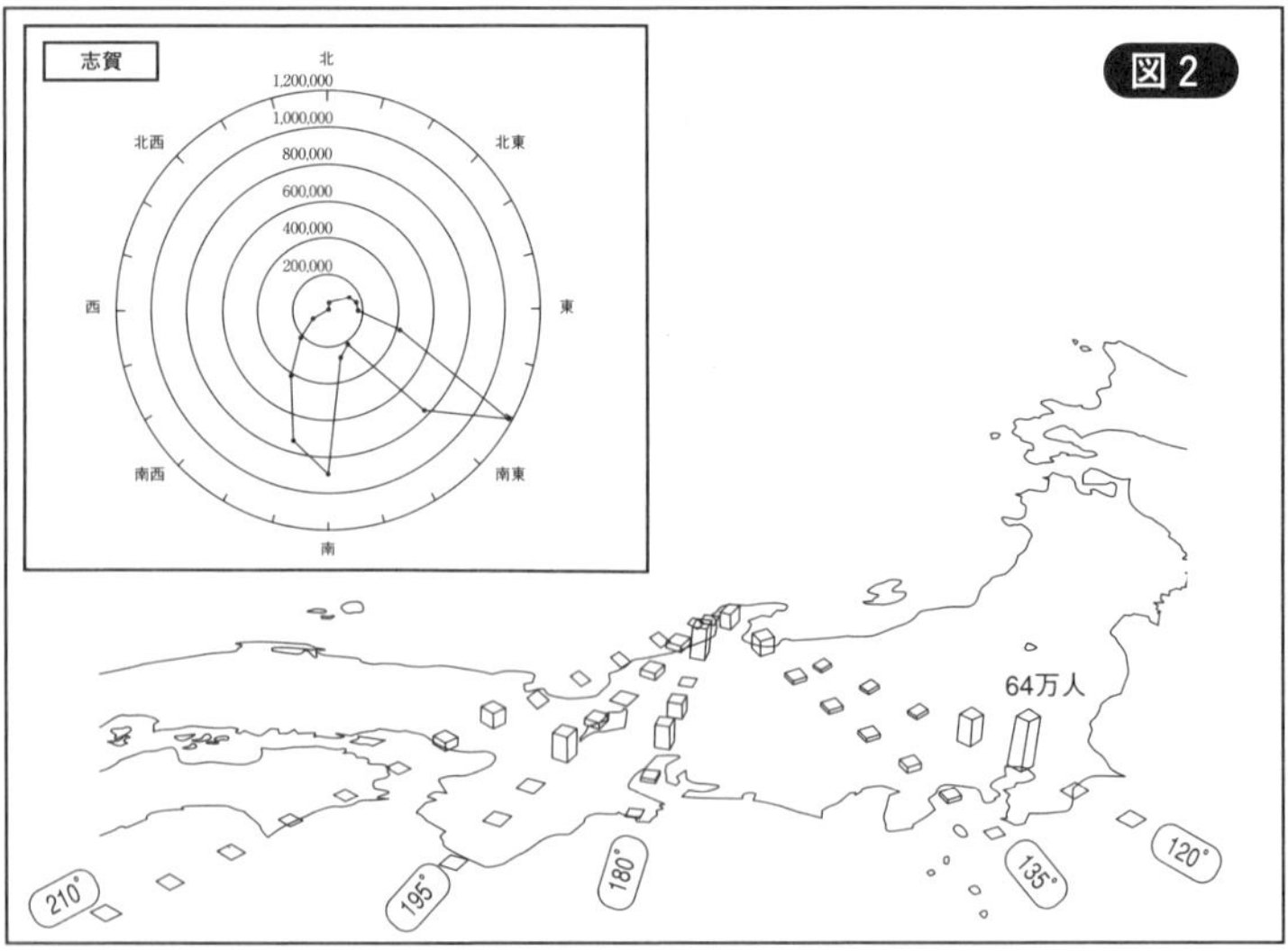

のぼると予想される。また南180度に放射能が広がれば、人口44万人を抱える金沢市、隣県富山の高岡市、富山市はいうに及ばず、大都市名古屋にまで数十万人規模の甚大な被害が想定される。

さらに、角度195度の先には京都市があり、210度には大阪市が位置する。志賀原発から南東／南西45度角へ風が吹き、放射能雲が運ばれた場合、東京・名古屋・京都・大阪という大都市のいずれかが決定的な脅威にさらされることを示している。これはまさに衝撃の事態だ。

そして原発の事故が起きた場合に、長期間避難しなければならない範囲を示したものが**図3**だ。セシウム137のような強い影響が長く残る放射性物質の汚染量をもとに設定されており、

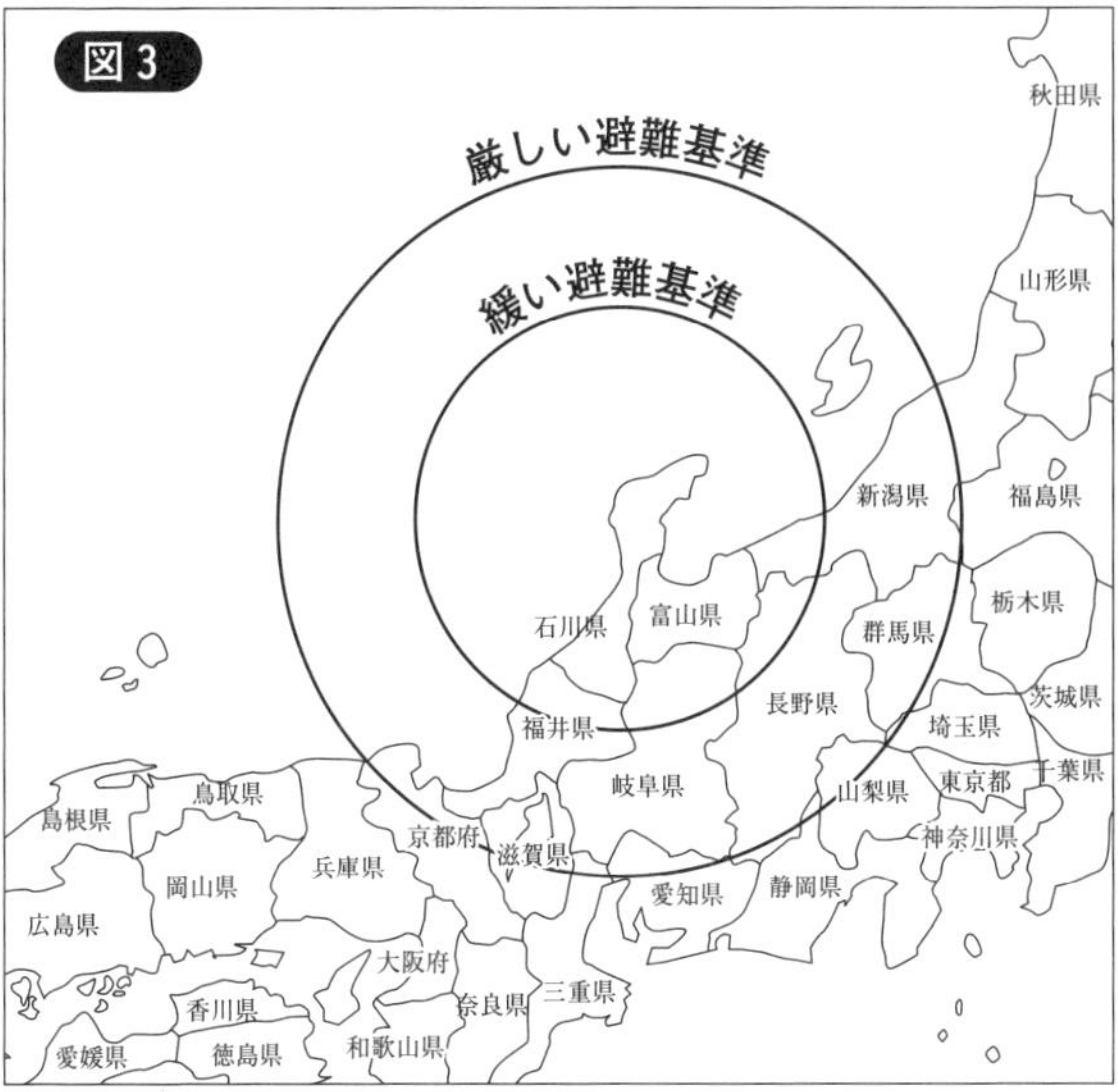

円内の地域は事故後何十年にも渡って居住不可能になることを意味する。

内側の円が「緩い避難基準」（半径160キロ）、外側が「厳しい避難基準」（半径320キロ）で、「緩い」方はチェルノブイリ事故の際に旧ソ連が設定した「甘い」基準であるのに対し、「厳しい」方はチェルノブイリが存在するウクライナ共和国の隣りにあった白ロシア共和国（現ベラルーシ）が設定した基準である。（ちなみに、「厳しい」といっても基準そのものが厳しいわけではなく、「緩い方に比べると厳しい」という程度の意味だと瀬尾氏は書いている。）

注目してほしいのはこの図である。南には岐阜県全域、人口220万人の名古屋市がある。やや西には滋賀県大津市、さらには京都北部から福井県全域がある。東に目を転じれば、長野県全域、さらには新潟、群馬のほぼ半分の面積が避難エリアとなる。日本列島の中央部が、すっぽり放射能汚染の危険にさらされる地域になるのである。

放射能汚染の恐しさは、その急性の影響ばかりではない。1986年にチェルノブイリ原発事故が起きてからすでに20年以上の年月が経過しているが、いまだ大地からその影響は消えていない。ウクライナでは広大な国土の12分の1の面積が放射能汚染された。汚染レベルが高く危険とされる地域は、5万平方キロメートル以上も存在する。放射線の影響に苦しんでいる人は、国境をまたいで320万人にものぼり、その中には100万人の子どもたちが含まれている。被曝はその影響がいつどのようなかたちで現れるのかわからない。つねに放射線障害が発症する恐怖を抱えながら、生きていかねばならない。

あわや大事故だった能登半島地震

2007年7月現在、志賀原発は1号機・2号機ともに停止している。1号機は臨界事故の隠蔽が悪質と指弾されて運転停止処分を受けた。2号機は損傷したタービンの修理中だった。この2号機をめぐって現在、住民が北陸電力を相手どり「運転差し止め訴訟」を起こしている。

　２００６年３月に出た一審判決では原告側が勝訴。金沢地裁・井戸謙一裁判長は「被告は、志賀原発２号機を運転してはならない」との主文以下、２号機の耐震設計の想定が小規模だと指摘し、「想定を超えた地震動によって原発に事故が起こり、原告らが被曝をする具体的可能性がある」とした。２号機はその10日前に運転を開始したばかりの新設原子炉だった。原発の運転差し止め判決が出たのは国内初めてのことで、原告の市民にとっても画期的な判決だった。北陸電力は即日控訴し、現在、名古屋高裁金沢支部で控訴審が争われている。

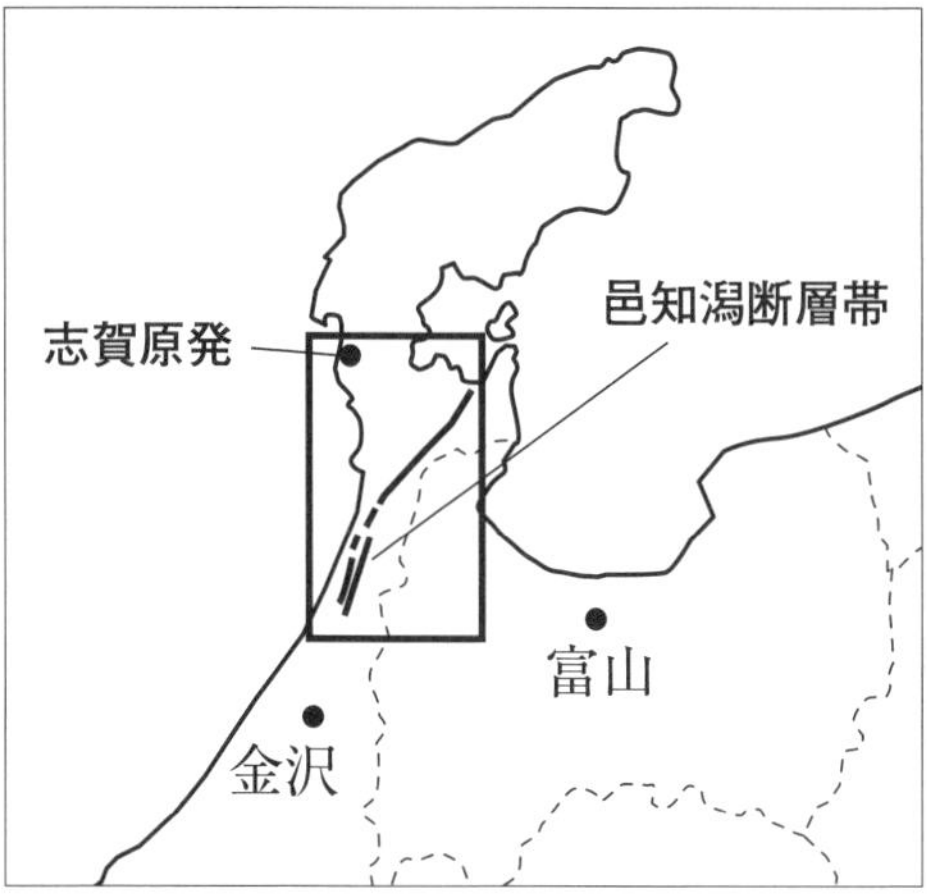

志賀原発と邑知潟断層帯

　一審判決に大きく作用したのが、原発の近くに存在する活断層の存在だった。志賀原発の南には、能登半島を斜めに横切るかたちで、長大な「邑知潟《おうちがた》断層帯」が走る。断層帯が連動して活動すれば、マグニチュード７・６クラスの地震が起きる可能性があると、政府の地震調査委員会が指摘していた。

左の図は、「地震ハザードステーション」という地図である。地震調査委員会が発表したもので、今後30年間のあいだに3%の確率で起こる地震の揺れの大きさを日本列島を色分けして示している。最新の活断層評価や地震動予測に基づき公表されたデータだ。原本の地図を見ると能登半島は黄色に色分けされており、確率は約10%と予測されていた。しかし、2007年3月25日に同地を襲った「能登半島沖地震」は、その予想をも上回る規模だった。

能登半島地震の震源は輪島市門前沖、志賀原発の北およそ20キロの地点。マグニチュード6・9を計測し、輪島市内を中心に民家の倒壊などの大きな被害をもたらし、死者1名と300名を超える重軽傷者を出した。志賀原発では使用済み燃料プールの水が外へあふれ出るほどの揺れに見舞われた。

原発に対しては2006年に新しく耐震指針が強化されているが、日本で稼動中の原発はすべて古い耐震設計に基づいている。志賀原発では、耐震設計の最大想定を超える揺れを計測した。たまたま原子炉が2機とも停止していたために事故をまぬがれたが、もしも原発が稼動中だったら深刻な事態に至る可能性があった。

「地震ハザードステーション」
今後30年間のあいだに3％の確率で起こる地震の
揺れの大きさを色分けしている

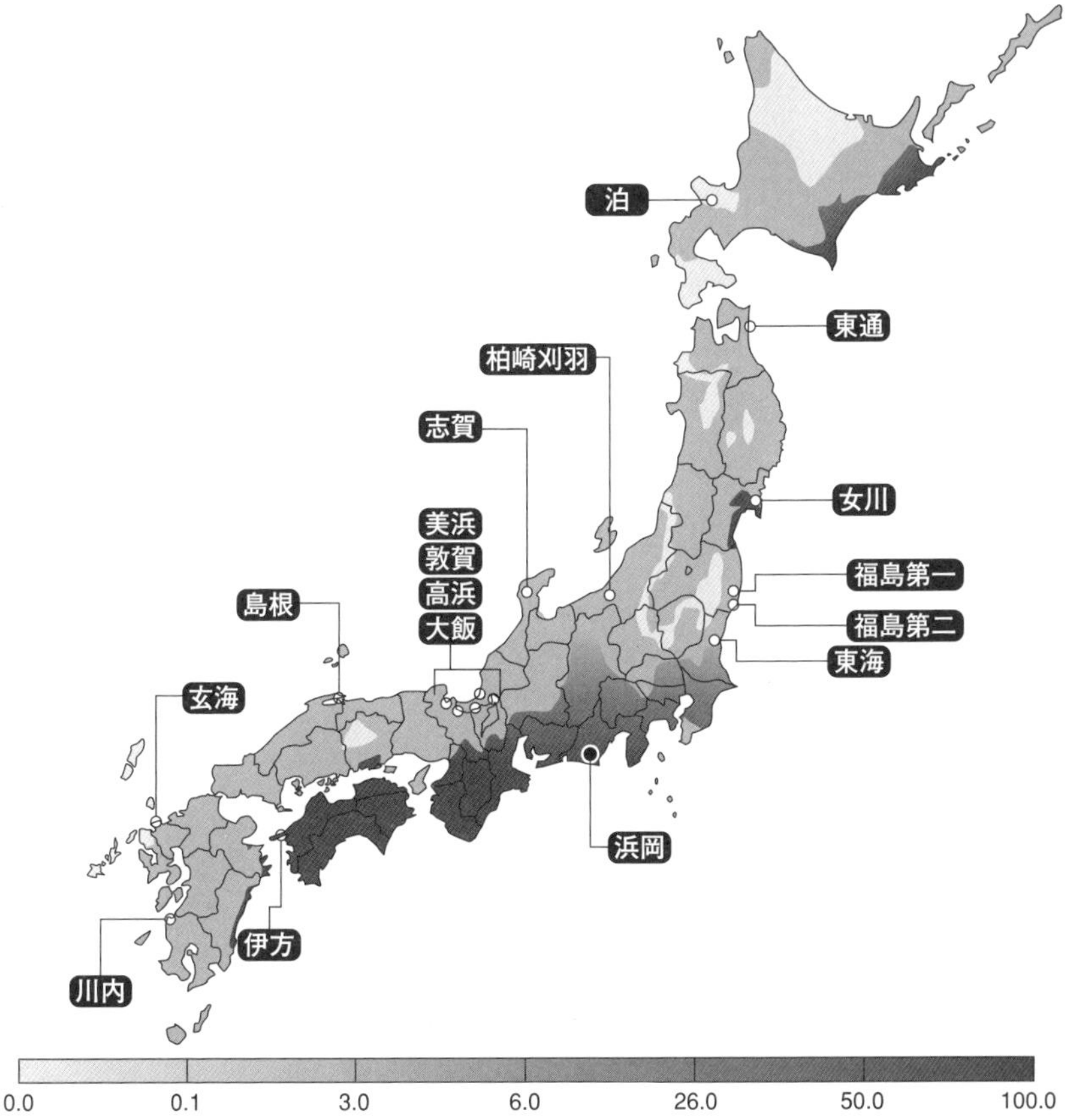

連動して動いた2本の活断層

この地震では2本と見なされていた活断層が一連のものとして動いたことがわかっている。北陸電力は1号機設置許可の申請時に活断層の調査を実施し、能登半島地震の震源域に20本の海底活断層を発見している。今回動いた活断層もその中に含まれていたが、北陸電力はこれを連続しない2本の活断層と見なし、そのうちの1本を最近の活動歴がないとして評価から除外していた。しかし実際には長さ20キロの1本の活断層だったのである。

地震の規模の過小評価につながる不適正な方法に基づいて原発の設置許可を出したことは、今後の運転差し止め訴訟控訴審で厳しく追及されることになるだろう。

前ページの「地震ハザードステーション」地図を見ると、最危険地帯である赤色のエリアが太平洋岸に集中している。30年以内に大地震に見舞われる確率が最も高い地帯である。この地帯には中部電力の浜岡原発が立地しており、「世界で最も危険な場所に建つ原発」として危険視されている。

福島原発事故で首都圏に200万人以上のガン死者が

福島県は東京電力の大原発基地である。福島第一、第二原発あわせて10機もの原子炉が太平洋岸にずらりと並んでいる。事故隠しがあったのは第一・2号機、3号機、4号機、5号機と福島第二・3号機で、全原子炉の半数にも及んでいる。このうち臨界事故は第一・2号機と3号機で起きていた。とくに深刻なのが第一・3号機の臨界事故で、7時間30分にわたって臨界が続いていた。「作業上の問題」が原因で制御棒5本が脱落したにもかかわらず、作業員が気がつかないでいたという。抜けた本数といい、臨界状態の長さといい、深刻さでは志賀原発の事故をさらに上回るシビア・アクシデントだった。

瀬尾健氏がシミュレーションしているのは、福島第一原発6号機の事故。福島第一原発で最大の110万キロワットの出力をもつ原子炉である。いわき市の北44キロに位置し、近隣に大人口が密集する都市は少ない。これはすべての原発に当てはまることで、僻地に建設するのが原発立地の常識である。人口が少ない地域ほど放射能の影響が少なくて済むからだ。「僻地の住民ならば死んでもよいというのであれば、これはまさに差別の論理に他ならない」と瀬尾氏は怒りをあらわにして書いている。

図1
5% 急性死
10%
50%
90%
99%
鹿島町
450
原町市
9742
小高町
15804
浪江町
24031
双葉町
8093
大熊町
9853
富岡町
15571
楢葉町
8207
広野町
2219
葛尾村
402
都路村
2224
川内村
2104
常葉町
121
滝根町
77
新田川
請戸川
木戸川
相馬郡
双葉郡
阿武隈

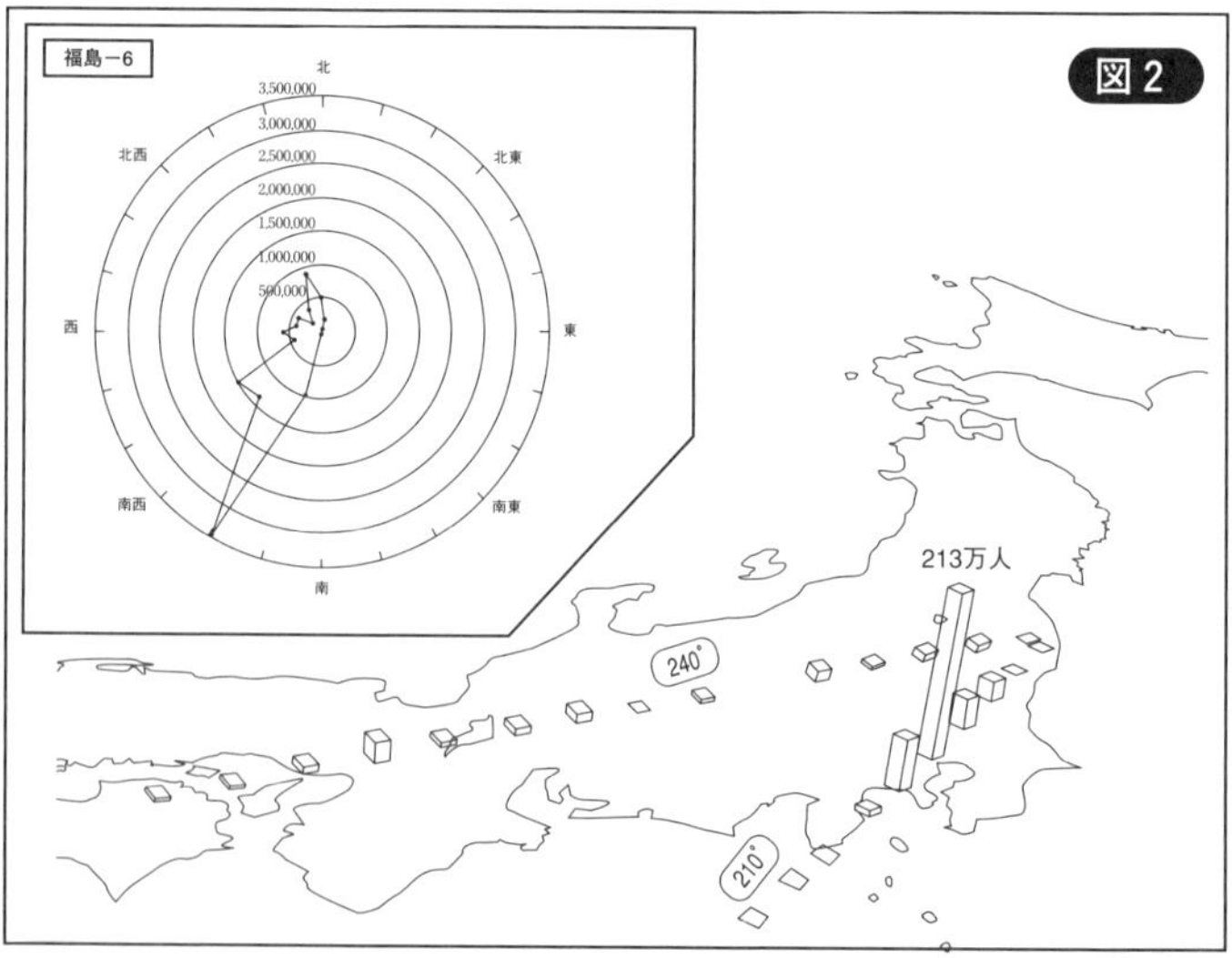
図2
福島−6
北
北東
東
南東
南
南西
西
北西
3,500,000
3,000,000
2,500,000
2,000,000
1,500,000
1,000,000
500,000
213万人
240°
210°

それでも、原発に隣接する双葉町、大熊町、10キロ圏内の浪江町、富岡町は急性死亡率99%の円内に入ってしまう（**図1**）。図の数字は1%以上の急性死の出る地域について示しており、北に放射能が広がれば推計5万人が急性死する。南に広がった場合でも推計3万5000人もの住民が犠牲になる。犠牲者数が少なくて済むなどとは、とてもではないがいえない数だ。

図3

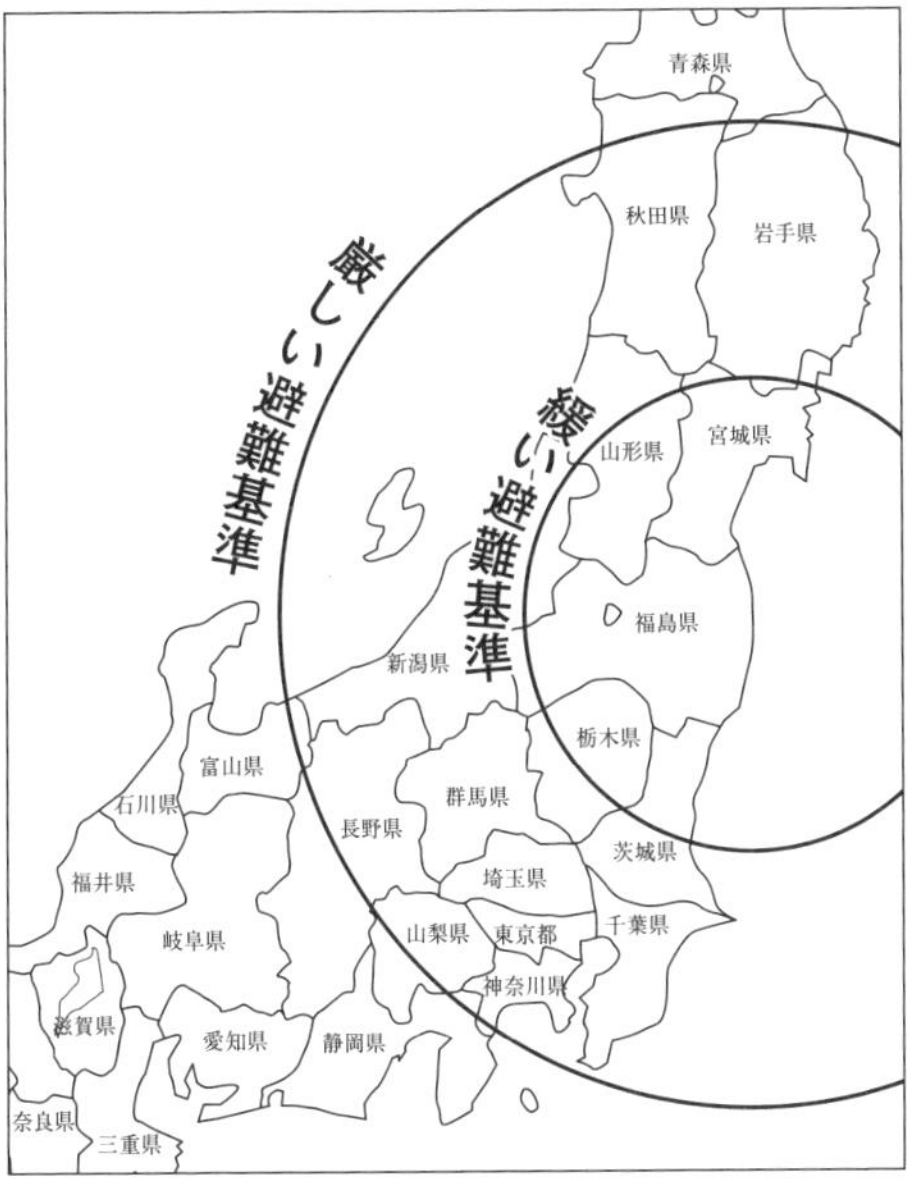

「被曝の影響によるガン死者数」となると、僻地立地の論理そのものが破綻してしまう。**図2**に見られるように、南西210度の方向に放射能が流れていけば、首都圏はまたもや最大の犠牲者発生地域となってしまう。予想死者数のピークは東京の213万人、ガン死者総数は344万人にも達する。

図3もまた衝撃的だ。「緩い避難

基準」の半径160キロ円内には北は気仙沼、酒田、南は水戸までが入る。「厳しい避難基準」の半径320キロならば、ほとんど本州の半分が避難エリアに含まれてしまい、本州の関東以北は人の住めない地域になる。

第一原発の南12キロの場所には福島第二原発がある。瀬尾氏はこの福島第二・4号機もシミュレーションしているので、それにふれておこう。福島第二・3号機でも1994年に2本の制御棒が脱落する事故を起こしているからだ。

1号機から4号機まで出力はすべて110万キロワットの大出力である。先に取り上げた第一・6号機と同出力の原子炉だから、被害の及ぶ規模は同一となるが、南12キロの位置の違いが、結果を大きく違うものにしている。福島第二の事故では、県下最大の都市、人口36万5000人のいわき市が急性死圏内に入るためだ。風向きが南に向かった場合、楢葉町で9000人、いわき市で1万2000人の急性死が発生すると想定される。また、南西の風向き210度の方角で首都圏に放射能が達し、東京で227万人のガン死者を出す。ガン死者総数は第一原発をさらに上回り、370万人以上と推計される。

原発の大事故は、人間のいのちを奪い、大地を半永久的に汚染する。人々は、いまだかつて遭遇したことのない規模の被曝にさらされる。原発は文明が生んだ悪性腫瘍のようなものだ。悪性腫瘍は可能な限り早く除去するのがもっとも重要だが、存在しているうちは、暴走しないように徹底的な安全管理が絶対の条件となる。「事故隠し」、なかでも原子炉暴走につながる「臨界事故隠し」は、その前提を裏切る犯罪行為だった。そして、本来なら厳しいペナルティが下されるべきところに、国はお目こぼしを与えた。この不条理な処分が、これからわたしたちにどのような危険を突きつけることになるのか。

次章では、「世界で最も危険」と呼ばれる原発を取り巻く、異常な現実を見てみたい。

第2章 「世界で最も危険な原発」

続出したデータ偽装

静岡県御前崎市の浜岡原発は、今後30年以内に震度6以上の大地震が発生する確率が最も高い地帯に立地している。この東海大地震が起きた場合の安全性の不安から、「世界で最も危険な原発」といわれ、2002年4月には緊急な運転停止を求める住民訴訟が起きている。浜岡原発を運転するのは中部電力。電力供給量では東京電力、関西電力につづいてナンバー3の電力会社である。中部電力が所有する原発は浜岡1～5号機のみ。浜岡原発の停止は中部電力にとっては原子力発電からの撤退を意味する。どんなに危険をさけばれようと、ここが唯一の砦なのだ。

一連の原発事故隠しでも、1991年に3号機で起きた制御棒脱落事故のほか、計14項目の不適切事例の報告があった。制御棒脱落事故では「臨界になった可能性がなかったとはいい切れない」と認めながらも、「緊急停止装置は作動可能だったので、原子炉はすぐに停めることができた」と説明している。この事故では、志賀原発とは逆に制御棒を「隔離」から解除するときに起こった。制御棒引き抜き側の弁を先に開けてしまったため、圧力が高まり制御棒がそのまま脱落してしまったのだ。そのうちの1本は、なんと完全に下まで抜け落ちてしまっている。臨界にこそ至っていないが、原子炉本体と格納容器の蓋が外されており、きわめて危険な状態が1時間も続いた。この事故は国にも自治体・住民にも報告されていなかった。

このほかにも制御棒の誤挿入事故を4件起こすなど、中部電力のずさんな運営管理の実態には目を疑ってしまう。報告書からほんの数例をあげてみると、1976年頃から2003年2月まで放出した冷却水の温度の記録を改ざん、計測器の針が基準の温度を超えないように機械を調整しデータを偽装していた。79年には冷却水再循環ポンプの警報が鳴らないように配線を外し、別の正常な値を示す計測器につなぎ変えていた。直近の2006年には国への届出をせず、検査も行なわずに配管工事の材料変更をしている。

4月6日、名古屋市の本店で記者会見をした発電本部原子力部・増田博武グループ長らは、偽装の根本に「説明をできるだけ回避する企業風土があった」と認め、今後社内の「コンプライアンス（法令遵守）」意識を徹底し、情報の共有化をめざすと表明した。そこには具体的な対策は見られず、外部監査についても「現時点では考えていない」と否定した。いかにもおざなりの謝罪会見だったが、水力・火力を含む全発電所で起きたデータ改ざん、隠蔽・

偽装の詳しい回数に話が及ぶと、「1030回カウントされている」との数の多さに記者たちは驚嘆した。

「そこから先はSFの世界です」

「臨界事故が破局的な事故につながっていくのか、すぐに何らかの形でのコントロールによって抑えられるのかは、それぞれの条件によって違います。今回の臨界事故の事例ではたまたま収まっていますが、起きてはいけないところで起きてしまったことが問題です」

取材に対応した中部電力広報部の担当者も、「臨界事故が大変な事象へと発展していく可能性はゼロではありません」と認めた。

「北陸電力さんの場合は15分で臨界は収束しています。ただ、もっと長く臨界状態が続いたとしたならば、どうなったのかよくわかりません……。もちろん定期点検中に臨界という現象が起こること自体、あってならないことです。つまり0か1の世界であって、1になってはだめだということです」（中部電力広報部）

原子炉で臨界の制御不能が続いたら、いったいどんな事故につながる可能性があったのかと問うと、「そこから先はSFの世界です」と広報担当者はいった。

原発の運転中に異常事態が発生したときは、制御棒を挿入して原子炉を緊急停止させる。たとえ電源が切れても制御棒が自動的に挿入されて運転を停止する、運転員が誤操作をしても制御棒が引き抜かれないなどの設計がされていなければならない。これが「フェイル・セーフ」（事故を起こしても安全）、「フール・プルーフ」（誤操作をしても安全）の設計思想である。

浜岡原発での脱落事故は、ある弁の操作をした時に制御棒が抜け落ちたのだが、それは間違った操作をしたわけではなかったという。その時点では「制御棒が抜け落ちるという知見がなかった」（中部電力広報部）のだ。このような操作をすると制御棒が抜けることを指示する「マニュアル」がなかった。

この時は3本の制御棒が抜け落ちているが、抜け落ちた長さはそれぞれ「8分の1」、「全部」、「3分の1」だった。抜け落ちた3本の制御棒のうち2本は隣接しており、抜け落ちた場所や長さ、燃料棒に残っていた核分裂前のウランの量などによっては、その後の事態がどのように進展したか、「明確には答えられない」という。もしも燃料棒どうしの癒着が起こっていれば、とんでもない事故へと進んでいった怖れがあった。

原子炉が溶ける

一般に原発で怖れられている事故は、「配管の破断による冷却水喪失事故」であるという。原子炉内の水が配管から大量に漏れ出してしまい、原子炉が空焚き状態になるからだ。

原発の燃料であるウランを粉末にしてセラミック状に焼き固めたものをウランペレットという。大きさは小指の頭程度で、ちょうどタバコのフィルター部分のような円筒形をしている。色は真っ黒だ。ウランペレットを長さ4メートルの金属製の筒の中に入れたものが燃料棒で、この燃料棒を何百本と束ねたものを燃料集合体という。原子炉の中にはこの燃料集合体が何十体、何百体と入っている。

燃料棒の間を冷却水が循環している。冷却水といっても実際は熱湯である。ウランの核分裂反応によって発生する熱エネルギーからは途方もない高温が得られる。原子炉の中に70～150気圧の圧力をかけることによって、300度近い熱湯にしているのだ。原発はこの熱湯から直接または間接的に蒸気をつくり、発電機のタービンを回すことで発電をする仕組みになっている。

もしも配管の破断によって冷却水が失われてしまうと、空焚き状態となった原子炉内部の熱が上昇し、ついにはウランペレットが融け出して、燃料棒どうしが一体化する。こうなると制御棒が破壊され、原子炉のコントロールができなくなる。配管破断は、こうした破局的事故につながる可能性があるのだ。

原子炉内部を循環している冷却水を一次冷却水という。中部電力や東京電力が運転している沸騰水型原子炉（ＢＷＲ）では、一次冷却水から直接蒸気をつくり発電タービン室に送り込む。蒸気を冷やして再び冷却水として循環させるために使われるのが海水で、中部電力ではこれを二次冷却水と呼んでいる。

日本の原発で沸騰水型の他によく使われているのが加圧水型原子炉（ＰＷＲ）である。沸騰水型の冷却水は燃料棒と直接接しているため、放射能で汚染される。汚染された水蒸気を使えば、タービンも放射能汚染されてしまい、補修や処分時の管理が難しくなる。そこで一次冷却水に１５０気圧の圧力をかけ、沸騰水型よりもさらに高温にする。この一次冷却水で二次冷却水を沸騰させて蒸気をつくるのが加圧水型原子炉の仕組みだ。加圧水型の二次冷却水も海水で冷やして蒸気を水に戻す。

沸騰水型の一次冷却水、加圧水型の一次、二次冷却水は高温、高圧の状態で循環している。どこかで破断をすればものすごい勢いで水が抜け、原子炉内部の水位が一気に下がり、冷却できなくなる。また、二次冷却水の配管が破断しても、一次冷却水が冷却されなくなり、原子炉内の温度が上昇する。高温になれば原子炉内で発生する水蒸気によって圧力が上昇する。ついには圧力に耐えきれなくなった配管や配管の継ぎ目のどこかが破断して冷却水は失われ、原子炉は高温のために溶融し始める。

こうした事故を「炉心溶融」（メルトダウン）という。１９７９年、アメリカのスリーマイル島原発事故はその典型的な事例だった。溶融した超高温の原子炉が地球を貫通し、中国にまで達してしまうという意味から、『チャイナ・シンドローム』という題名の映画にもなった有名な事故である。

水漏れ事故の恐しさ

また、一次冷却水には原子炉を冷却する以外に、もう一つ重要な役割がある。核分裂はウランに中性子を衝突させて起こすのだが、中性子はものすごいスピードで飛び出す。そこで臨界状態を作りだすのに最適なスピードとなるように中性子の速度を落とす必要がある。中性子の速度を落とす減速材として使われるのが水素である。原子炉の中を水で満たすのはこのためだ。水がなくなると核分裂反応がうまく進まなくなってしまう。

水がなくなると臨界状態は収まるが、核分裂によってできた新たな放射性物質（死の灰）は高温の熱を出し続ける。そのため炉内の熱は下がるどころか上昇を続け、やがてウラン燃料を溶かし、最後には原子炉そのものを溶かしてしまう。

配管破断などによって冷却水が失われた時のために備えられているシステムが、原子炉内へ水を注入する非常用炉心冷却装置（ＥＣＣＳ）だ。事故の時、もしもＥＣＣＳが機能しなかったならば、原子炉は空焚き状態となり、メルトダウンが起きる危険がある。いわば原発の安全運転における要の装置である。

ところが、そのＥＣＣＳの配管が破断するという事故が、２００１年11月7日に浜岡原発1号機で起きていた。原因は配管内部に貯まった水素が爆発したからである。このほかにも配管の破断による水漏れなどは、原発で実に頻繁に起きている。

「メインとなる配管が破断をすれば危険ですが、一般に冷却水漏れのトラブルとして報道されるのは枝分かれしている細い管です。細管からの水漏れが原子炉内部の水位を変化させるようなことはありません」（中部電力広報部）

よく報道される水漏れ事故は、あくまでも建屋の中で少し漏れたという程度で、いずれもフロアを少し濡らしただけ。問題になるようなことではないという。

しかし、冷却水漏れの時には放射能漏れの有無が問題とされる。そのおそれはないのか。

「これまでのような一般的な水漏れ事故程度のことでは、恐いことなどありません。関西電力さんで蒸気配管が破れて作業員の方が亡くなられた事故（美浜3号機事故）がありましたが、あれはあくまでも熱水によるものであって、放射能によるものではありませんでした」（同広報部）

しかし、美浜原発3号機の事故が、それほど単純なものと片づけられるだろうか。実際の事故の経緯を検証してみる。

腐食した配管が破裂、作業員が死亡

「2004年8月9日午後、5日後の14日から定期検査に入る予定であった関西電力美浜原子力発電所3号機で事故は起こった。二次冷却系の配管が破裂、140℃、10気圧の熱水がタービン建屋内に噴出、一気に蒸気となって、付近で定期検査の準備作業をしていた下請け（正確には、ひ孫請け）労働者を襲った。関西電力の公式発表を信じるとすれば当時105名の労働者がタービン建屋内で作業しており、そのうち11名が重篤な火傷を負った。うち4名はおそらく即死に近い状態で死亡、次の1名は全身の9割に火傷を負い意識不明の重体だったが、半月間の苦しい闘病後、25日に帰らぬ人となった。破裂したのは、タービンを回した蒸気が復水器で一度水に戻り、それをまた蒸気発生器に戻す途中の二次冷却水系の配管であった」（第98回原子力安全問題ゼミ「美浜3号炉事故の全体像と課題」京都大学原子炉実験所・小出裕章氏の報告による）

この事故は、原発内部で初めて作業中に死者を出したことが公表された事故であった。重視しなければならないのは、事故の原因である二次冷却水配管の破裂にある。配管の内部が腐食し、部分的にはわずか0・4ミリの薄さになっていたのだ。熱水はひとたまりもなく腐食管を破り、噴出して、作業員たちを襲った。

加圧水型原子炉の場合、二次冷却水は放射能汚染されないため、この事故で放射能漏れは起きなかった。しかしこの種の事故は実は海外でも頻繁に起きており、いわば加圧水型原子炉固有の欠陥によるものだった。つまり予見できた事故でもあったのだ。

それなのになぜ事故は起きたのか、関西電力は当時次のように説明している。

「当該部位の肉厚管理状況について調査した結果、管理指針では点検を実施すべき箇所には該当するものの、点検対象にはなっておらず、美浜3号機が運転を開始して以来、一度も点検を実施していなかったことが判明した。」

「判明した」というのだから、関西電力は点検がされていないことを知らなかった。破裂した部分は、そもそも定期検査の対象外だった。その責任について関西電力は、「業務をプラントメーカから協力会社に移管した際も、登録漏れに気づかなかった。平成15年4月に協力会社が当該部位の登録漏れに気づいたものの、機械システムに登録しただけで当社へは連絡せず、同年11月に次回の点検計画を提案した際も、登録漏れであったことを当社への通知がなかった」と弁明している。

「美浜3号機の所有者は他ならぬ関西電力。その本人が、プラントメーカー（三菱重工）が伝えなかった、あるいは協力会社（日本アーム）が伝えなかったといって責任逃れをしている。あまりの責任感のなさに唖然とするが、この事故は、自らの施設である原発について、自ら知識を持たないまま丸投げしてきた企業体質そのものに原因がある」と京大・小出裕章氏は指摘する。

事故の経緯は、2007年のゴールデンウィーク中に大阪エキスポランドで起きたジェットコースター「風神・雷神」の死亡事故を連想させる。日本の遊園地開業史上、初めて死者を出したジェットコースター事故である。この事故でもやはり安全上重要な部品が、使用開始から8年間一度も交換されていないことが判明した。そもそも交換しなければならないという知識そのものが運営者になかったというのだから、事故は起こるべくして起きた。亡くなった犠牲者はまだ10代の女性だった。実に痛ましいかぎりというしかない。

しかし危険度の高さでいえば、遊園地と原発とでは比較にならない。管理・運営者に危険を回避する知識がないまま運転される超巨大プラント――それが原子力発電所なのである。

原子炉本体は耐震工事の必要なし？

浜岡原発を危険な原発にしている最も大きな要因は、いうまでもなく近い将来「東海大地震」が起きることが確実視されているからだ。東海地方の太平洋沖合にある駿河・南海トラフ沿いの海域では、100〜150年間隔で繰り返し巨大地震が発生している。東海地域では1854年に起きた安政大地震以来巨大地震の発生がなく、すでに150年以上の年月が経過しているため、「東海大地震は明日起きてもおかしくない」とされている。浜岡原発は、想定される震源域の真上に建っているのだ。

当初想定されていた東海大地震の強さは395ガルだった。「ガル」というのは加速度を表す単位で、地震による地盤や建物の揺れの強さにもこの単位を用いる。数値が大きいほど揺れも大きいことを示している（「マグニチュード」は地震が持っているエネルギーの大きさを表す）。仮にマグニチュードが小さくても震源に近く、しかも軟弱な地盤の上ではかえって大きな揺れが発生し、「ガル」は予想を超えて大きくなる。

ところが平成13年、たび重なる大地震の発生で国の基準が変わり、より厳しい計算が求められることとなった。新しい基準で計算をすると、浜岡地域で起きると予想される地震の強さは８００ガルとなった。これは阪神・淡路大震災で記録した揺れとほぼ同じ数字である。

浜岡原発の場合、最重要機器の耐震設計は１・２号機が４５０ガル、３・４号機が６００ガルまでとしている。昭和53年に「発電用原子炉施設に関する耐震設計審査指針」が定められているが、１、２号機はそれ以前の完成のため、この指針に基づいて設計されているのは３号機以降となる。現在１、２号機は緊急に補強工事を行なっているが、原子炉の建屋そのものは補強されていない。

「当社は自主的に、より安全度を高めるため１０００ガルまで耐えられる工事を行なっています。原子炉の入っている建物は追加工事の必要がありませんでしたから行なっていません。工事が必要なのは排気塔や安全上重要ではないところの施設とか、配管の中にサポートが１本しか入ってなかった所に２本入れるなどで、それらの補強を行なっています」（中部電力広報部）

東海大地震が起きた場合でも、「原子炉の安全に関わる施設に関しては、岩盤の上に作られているので問題はない」という。しかし、これでは発想の仕方がまるで逆向きではないか。

東海大地震は阪神大震災の15倍規模

東海大地震が起きれば、阪神・淡路大震災の15倍クラスの規模になるという予想がある。御前崎という地形は、もともとプレートのひずみでできた場所で、現在もフィリピン海プレートの沈下に伴い、浜岡原発の建つ地盤は年間数ミリずつ沈下していることが観測されている。地下に溜まったひずみが限界に達すると、岩盤は破壊され、地盤が急激に隆起すると予想される。最近頻発する活断層型の地震でも、1000〜1500ガルを超える揺れはたびたび計測されているのだ。

いち早く東海大地震の発生に警鐘を鳴らし、その被害、防災について提唱してきた神戸大学の石橋克彦教授も、著書の中で次のように書いている。「浜岡での地震動の時刻歴や持続時間は、兵庫県南部地震（注　阪神・淡路大震災のこと）の震度7の地点よりも複雑で、長時間で、はるかに激しいはず」。2005年には、住民の求めに対して、静岡地裁は浜岡原発の耐震データを全面開示する命令を下した。これを不服とした中部電力は控訴し、東京高裁は住民側の申立てを却下した。

「確かに原発の温排水や水力発電の使用水量などでデータの改ざんがありました。しかし、耐震に関するデータの改ざんは行なっておりません」（同広報部）

しかし、データ改ざんなどしていないことが当たり前なのだ。もしも耐震面でのデータ改ざんがあれば、これは重大な犯罪行為だろう。想定外の事態は起こってみて初めてわかるからこそ想定外であり、自らこれで大丈夫だという基準を設けてしまうような感覚が、悲惨な結果を招く。そのことは阪神・淡路大震災の教訓からも明らかだ。1994年1月に米ロサンゼルス郊外で起きたノースリッジ地震では、高速道路が陥没、寸断などの大きな被害を受けた。そのとき日本の専門家たちは、「日本の耐震基準ではあんなことは起こらない」と口をそろえていった。しかし、翌年「起こりえない」はずの高速道路倒壊が日本でも起きた。地震のエネルギーがどれほどの被害を地上にもたらすのか、正確に予想することは非常に困難なのだ。

「日本人の原爆アレルギー」？

「日本人には〝原爆アレルギー〟があります。皆さんは原子力発電所のことをよくわかっていないのではないのでしょうか。そして何かあったときに放射能が飛び出してくるというイメージを強く持っておられるようです。原発に反対をするといっても、原発があるよりもない方がいいのではないか、という程度の感覚ではないでしょうか」（中部電力広報部）

浜岡原発の運転差し止め訴訟については、こんな感想が返ってきた。原発が本当に安全なものであるのならば、なぜ何年にもわたって繰り返し事故を隠したり、データの改ざんをしてきたのか。知られては困ることが、いろいろとあるからとしか思えない。

「これからは万が一臨界事故が起きた時、放射線の影響の有無について必ず発表をします。過去に起きた制御棒脱落事故も、いまなら速やかに発表します。どんな小さなトラブルでも発表します」（中部電力広報部）

事故についてはどの時点で、どのような形で発表されるのか。

「地元との協定がありますから、地元とマスコミには速やかに情報を流します」（同）

この場合の地元とは住民のことなのか、地元自治体ということなのか。地元の範囲とはどこまでを指すのか。

「最初に連絡を入れるのは、おそらく行政になるでしょう。住民に対してはどのような形で情報を流すのかは、すみません。ちょっとわかりません。ただ、マスコミには速やかに情

報を流すので、住民にもすぐに伝わるはずです」（同）

浜岡原発と名古屋との距離は約120キロ、東京都との距離は200キロである。チェルノブイリ事故の例からわかるように、臨界事故で原子炉が暴走したり、地震で破局的な原発事故が起きれば、流れ出した放射能は東京や名古屋などの人口が密集する大都市をも襲うだろう。いわば東京都民も名古屋市民も「地元住民」である。

中部電力の安全主張はよくわかったが、事故隠しの説明にはなっていない。口頭での「安全、安全」の説明はかえって不信を招くばかりだ。事実、現実の原発立地で取材した声は、電力会社の主張とは全く異なる現実を訴えていた。

おそまつな市の防災計画

静岡県御前崎市。浜岡原発の高くそびえる排気塔が市役所の陰から見える。直線距離にして2・5キロほどのところだ。町の中心から、目と鼻の先に原発があるとは意外であった。最初に足を運んだのは御前崎市役所防災課だ。一連の事故についてどのように認識しているのかを尋ねた。

「臨界というのは原子炉が稼働している時の状態です。それが意図しない時に臨界となったので『事故』と呼んでいるだけでしょう。しかも臨界の程度としてはわずかなもの。中部電力さんでも制御棒の脱落があったと公表していますが、そんなに危険な状態ではなかったと思いますよ」（御前崎市役所防災課）

何も問題はないといわんばかりの呑気な答えに驚いた。問題は制御棒脱落というあってはならないことが起きていたという事実、それを公表してこなかった態度にある。

「日本の原発では、チェルノブイリのような事故はまずあり得ませんね」（御前崎市役所防災課）。市役所の役人は、根拠もなくそう答えた。東海大地震が発生した場合、ビルや家屋、高速道路の倒壊、火災といった被害以上に恐ろしいのが、地震を引き金にして起こる臨界事故や炉心溶融といった原発震災による被害である。しかし御前崎市役所の防災課は、基本的に大きな原発事故は起きないという考え方をとっている。市が定める防災の手順を見てみよう。

浜岡原発で何らかの事故が発生すると、電力会社は地元及び周辺自治体、県、国に連絡を入れる。そしてこれら関係者が集まり合同会議が開かれる。事故の状況を見守りながら、住民を退避、避難させるかどうかを検討する。住民に避難や退避を呼びかけた方がいいと思われる結論に達すれば、広報車、同報無線、消防、あるいは市のケーブルテレビなどを使って知らせる。大事故は想定していないから、事故の推移を見守るだけの時間的余裕は十分にあるという。

「原発の事故で一番避けなければならないのは『放射能雲』です。したがって、放射能が原発の外へ漏れた場合は風向きなどの気象条件を考えて、住民を避難させます。御前崎市内の避難場所は全部で51カ所用意しています。避難先へはバス会社などにお願いをして集団で避難させます」(御前崎市防災課)

放射能雲というのは原発から放出された放射性ガスと目に見えない放射能の微粒子である。原発が大事故を起こした時は水蒸気も一緒に放出されるため雲のように見える。水蒸気はすぐに蒸発して消えるため、放射能雲とはいっても目で確認はできない。だが放射能雲が発生するような事故というのは、チェルノブイリのような破局的な原発事故が起きた時なのである。

避難先は原発の目と鼻の先

避難場所には小学校、公民館をはじめとした公共施設が指定されている。被曝を避けるため建造物の中に避難をする場合は、できる限りコンクリートでつくられた気密性の高い場所の方がいい。ところが御前崎市の場合、避難先として指定されている場所は非コンクリートの建物が多い。

指定されている51カ所全ての施設の収容人員を合計すると約4万6000人になる。御前崎市の人口は約3万6000人。これなら十分な収容能力があるように思われる。しかしコンクリート施設の収容人員の合計は約2万9000人しかない。市民全員が避難をしたとして、7000人は非コンクリート施設への避難となる。

さらに気になるのが避難場所の位置だ。避難場所のほぼ全てが原発から直線距離にして8キロメートル圏内にある。原発から2キロ圏内にも3カ所、3キロ圏内にも9カ所あり、3キロ圏内の施設のうち4カ所は非コンクリートの施設だ。

市の防災課によると原発で放射能漏れが起きた場合の対応は、家の中にいる人は屋外へ出ないこと、屋外にいる人は速やかに屋内へ退避する。避難指示が出された時は、指定された集合場所へ徒歩で集まり、そこからバスなどで避難場所へ行く。古い木造家屋に退避している人がコンクリートでできた施設へ避難するのなら理解できなくもない。しかし、原発からわずか3キロ圏内に非コンクリートの避難先もある。

被曝を避けるには、原発から風下に引いた直線に対して直角に逃げることが最も重要になる。コンクリート建造物への屋内退避よりも、とにかく放射能雲からできるだけ遠ざかることが最も有効である。御前崎市の場合、東と南は海だから、逃げられる方向は限られてしまう。市の指定する避難先が放射能雲に包まれる可能性も高い。また交通規制も行なわれるため、自家用車などを使っての脱出もできない。

放射能の影響がなくなれば交通規制や汚染区域への立ち入り制限が解除されるというが、チェルノブイリの場合、事故後20年以上も経っているのに広大な範囲が立ち入ることのできない区域となっている。もしも大量の放射能が環境中に撒き散らされたら、住民は町を捨てるほかない。「破局的な事故は起きない」という大前提に立っているため、市の防災の発想そのものが根本的に甘い。

放射能とともに閉じ込められる住民

市役所の取材を終え、住民自身の声を聞くために、地元で工場を経営する伊藤実さんを訪ねた。伊藤さんは「浜岡原発を考える会」の代表として十数年間浜岡原発に反対の立場を取り続けてきている。工場から原発までは、ほんの2キロほどしか離れていない。伊藤さんに、市の防災計画について尋ねた。

「公にはされていないようですが、大井川と太田川（磐田市）の間は立ち入り禁止区域になります。私たちのような汚染圏内に住んでいる住民は、交通規制によって汚染区域から脱出できないと。これは放射能で汚染された人や物を圏外へ出さずに閉じ込めるということです」

事故が起きた時に放出される放射能の一つに放射性ヨウ素がある。これは人体の甲状腺に集まりガンを引き起こす。そこで原発事故が起きたらすぐにヨウ素剤を飲んで、放射性ヨウ素が甲状腺に入り込む余地をなくしておく必要がある。放射性ヨウ素は影響が消えるまでの時間が比較的短いので、こうした措置が有効なのだ。

「御前崎市にも国からヨウ素材が配付されているのですが、そのことを住民には知らせていませんでした。しかるべきところへ保管してあるというだけで、各家庭への配付もしていません。そんなことで万一の時に間に合うのかどうか心配です」と伊藤さんは顔を曇らせる。

非常用炉心冷却装置の配管が爆発

伊藤さんは浜岡に暮らしながら、さまざまな事故を目の当たりにしてきている。最近の事故では、２００１年11月7日に非常用炉心冷却装置（ＥＣＣＳ）の配管が爆発を起こしている。事故の様子を報じた新聞記事によると、「7日午後5時ごろ、静岡県浜岡町の中部電力浜岡原発1号機で、緊急時に原子炉内に注水する高圧注入系が手動起動試験中に停止し、建屋内の10カ所で火災報知機が作動した。火災は起きていなかったが、中電が原子炉を手動停止して調べたところ、建屋内に微量の放射線を含む蒸気が漏れていることがわかった。放射能漏れなど外部への影響はないという。中電によると、原子炉から出る蒸気を導いてタービンを駆動させる配管の一部が破断し、漏れたらしい」(毎日新聞2001年11月7日)。

国会議員や原子力関係の学者が浜岡へ駆けつけた。破局的事故を防ぐための重要な装置が爆発したことの衝撃は大きかったと伊藤さんは述懐する。「中部電力が盛んにいう、原発の多重防護の一番重要な装置が事故を起こしたのですよ」。

事故が起きる数日前、三重県の海山町住民から芦浜原発の賛否を問う住民投票を行なうので、話を聞かせてほしいと頼まれ、伊藤さんは出かけていった。そして帰ってくるとこの大事故だ。「この事故は海山町の人にもかなり大きな影響を与えたようです」と当時を振り返る。

浜岡原発1号機の運転は即刻停止され、点検が行なわれることになった。事故の1カ月ほど後に、1号機と同じ構造の2号機も停めて点検作業が行なわれた。この時、伊藤さんも調査のために原子炉の中に入った。

防護服で身を固めた伊藤さんは、原子炉近くで作業をしていた人を見てあ然としたという。

「雨合羽を着て作業をしている人がいました。その雨合羽はびしょ濡れになっていました。暗くてはっきりとは見えませんでしたが、原子炉の下に制御棒の格納容器のようなものがあり、そこから水がボタボタと落ちていました」

ECCS配管の破断現場。老朽化が進んでいる。
（撮影：伊藤実氏）

大量の放射線を浴びるような場所へ入る時は、防護服で身を固め、放射線が一定量になるとアラームで知らせる計測器を持っていく。現場に30秒程度立っていただけでアラームが警告音を発した。また、原子炉の作業員から「原子炉の底には亀裂がいっぱいありますよ。そのうちに発表されるのではないですか」とも聞かされた。

伊藤さんは知り合いの新聞記者にその話を伝えた。記者から、2人以上の証言を得られるようにしてもらえないかと頼まれた。写真や公式な記録は得られまい。記事にするためには、複数の証言者がどうしても必要だった。

亀裂の存在を証言してくれる人を探しまわった。何とか見つかりそうになったのだが、こ

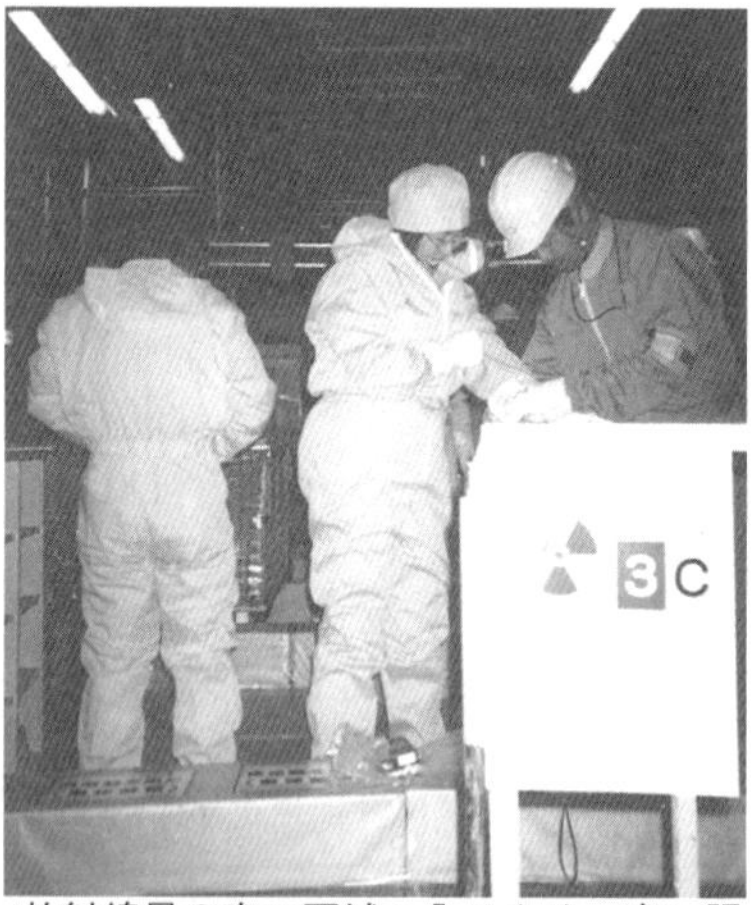

放射線量の高い区域へ入るため、青い服から黄色の防護服に着替える。（撮影：伊藤実氏）

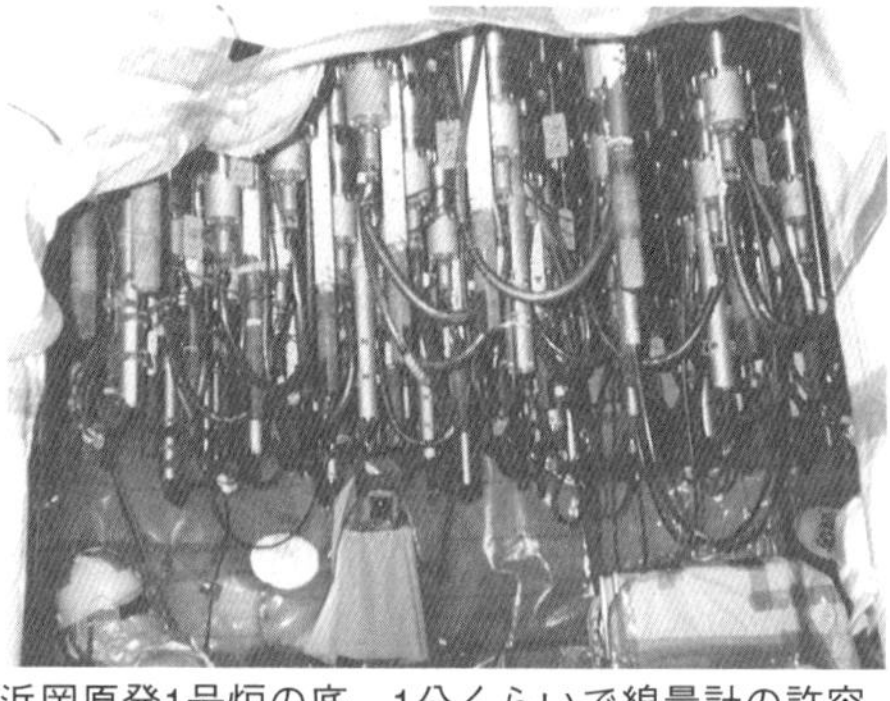
浜岡原発1号炉の底。1分くらいで線量計の許容値がオーバーした。（撮影：伊藤実氏）

うした動きが電力会社に知られ、結局、新たに証言をしてくれる人は尻込みしてしまった。中部電力は、点検の結果、水漏れ箇所などの異常はなかったと発表した。

実はこの水漏れについてはＥＣＣＳ配管の爆発事故が起きる数カ月前から作業者の間では知られていた。原子炉格納容器内の湿度が異常に高いとの噂もあった。ところが発電所は、原子炉の定期点検の時に調べればいい、と安易に考えていたのではないかと伊藤さんは疑念をもっている。

原子炉の底で作業をする人。上から水が漏れてくるため、防護服の上にカッパを着ている。（撮影：伊藤実氏）

ねじ曲げられる事故情報

「現場で働いている人の話を聞くと、しょっちゅう水漏れがあるようです。それも床が水びたしになっている状態だといいますから、中部電力が発表するような5リットルや10リットル程度ではないということです。どこから漏れるのかといえばバ

ルブのところや配管の継ぎ目などが多いようです」（伊藤実さん）
指摘されるまで公表されない水漏れ事故は多いという。しかも漏れた量が1リットル以下の場合は発表しない。「浜岡原発を考える会」メンバーの藤原照巳さんが、なぜ公表しないのかを発電所に問い質したところ、「地元の人から『そんな細かなことまでいちいち発表せんでもええわ』といわれていますから」という答えが返ってきた。ここでいう“地元の人”というのは、「中部電力に正面きって異を唱えることができない人」のことである。
先に取り上げた非常用炉心冷却装置の事故での対応を見ると、事故の発生時刻は午後5時2分と発表されている。一方、伊藤さんによれば、5時5分頃、中部電力の社員から発電所内で火災報知器が一斉に鳴り響き、火災が発生したようだとの連絡があった。その社員は、そろそろ終業の時間だと思っていたところへ火災報知器が鳴ったので、時間を確認したところ4時58分だったと語っていた。
「だからこの時間に間違いはないと思います。しかし発表ではなぜか5時2分に火災発生となっている。ほんの数分のことですが、なぜこうした時間の差があるのか」（伊藤さん）
御前崎市に隣接する相良町（現・牧ノ原市）の長野栄一さんに伊藤さんが事故の連絡を入れたのは午後6時頃。長野さんは、すぐに町役場へ確認の電話を入れた。すると確かに事故があったとの連絡は入っているとの答えがあった。しかし、その後も一般住民には何も知らされず、「ほとんどの住民は7時半か8時頃にテレビのローカルニュースで事故を知った」（長野さん）という。

事故発生時間の偽装

2005年6月には、原発の敷地内で火災が発生した。火災現場は低レベル放射性廃棄物の容積を減らすための「廃棄物減容処理装置建屋」であった。中部電力は相良町・御前崎市広域施設組合消防本部へ通報した。周辺住民はけたたましくサイレンを鳴り響かせながら原発へと向かう消防車を見て、一大事が起きたと思い、役所や中部電力へ連絡を入れた。ところが応対に出た職員の答えからは、何が起きたのかまるでわからなかった。

伊藤さんは東京にいる知り合いの新聞記者に電話して、「中部電力で何か大変なことが起きているようだ」と連絡をした。電話を取った記者は「廃棄物減容処理装置建屋で火事があったようですね」とすぐに答えたという。

「何かが起きた時、最初に被害を受けるのは原発の近くに住む人間です。その住民は原発で一体何が起きたのかわからないでいるのに、東京にいるマスコミ関係者の方が早く情報を

持っているというのはおかしな話です」（伊藤さん）

市役所に、「なぜ住民に事故のことを知らせないのか」と問い詰めたところ、状況がつかめないので情報を出せないといわれた。

中部電力の公表した事故情報そのものにも大きな疑問があった。事故後、中部電力はファクスでマスコミに「放射能漏れはありませんでした」と情報を流したのだが、何と記載されていた放射能漏れ検査の時間はマスコミにファクスが流れた時間よりも後であったという。要するに、事故が起きた時には、いち早く「放射能漏れがなかった」ことを伝えろという「マニュアル」があるのだ。本当に放射能漏れがなかったのかどうか、こんな発表を信用することなどできなかった。

環境に与えるさまざまな影響

原発には高い煙突が立っている。浜岡原発では１００メートルの高さだ。実は、これは煙突ではなく排気塔と呼ばれるもので、そこからは大量の窒素が排出されている。

原子炉内で異常があれば点検、修理が必要になる。また年に1回は定期点検が行なわれる。浜岡のように5機の原発があれば、年に5回は定期点検が行なわれることになる。しかし原子炉は、運転を停めてすぐに点検や修理ができるわけではない。まずは高温となっている原子炉を冷ます必要がある。さらに原子炉の格納容器内には火災を防ぐため、空気ではなく窒素が充填してある。この窒素も放出しなければ、人が中に入ることはできない。それが排気塔から放出されるのだ。これを「窒素パージ」という。

この窒素ガスには、放射性物質や放射性ガスが含まれている。そこで風向きなどを考えて海側へ風が吹く時を選んで行なわれていた。ところがいつ頃からか定期検査期間が短縮されるようになり、それに伴って窒素パージは風向きに関係なく行なわれるようになっていった。

また排気塔についてはこのような話もある。

「排気塔のところに放射性ヨウ素を測るモニターがあります。排出するヨウ素の量が規定値よりオーバーすると運転を止めることになっているようです。原発で燃料棒を検査したことがあるという人から聞いたのですが、燃料棒の被覆管にピンホールがあいているのを何回か見たといっていました。そこからヨウ素が漏れるようなのです」（伊藤実さん）

海洋に与える影響では、一番大きなものが温排水だ。放水量は毎秒1号機が30トン、2号機が50トン、3・4号機80トン、5号機95トンである。浜岡原発の5機がすべて稼働した場合、7℃以上も温められた海水が1秒間に255トンも排出されることになる。この量は、愛知県と三重県の県境を流れる一級河川・長良川下流部の平均流量毎秒120トンの2倍以上になる。

浜岡原発全体の発電量が約500万キロワット。日本で運転中の原発の合計発電量は約4900万キロワットである。100万キロワット当たり毎秒50トンとすれば、長良川約20本分の温排水が日本の沿岸に流されていることになる。

海水温が1～2度異なるだけで海の生態系は大きく変わる。北の海で南に棲んでいるはずの魚介類の水揚げが増えているのも、海水温が上昇した結果だといわれる。

「7℃の温度差は海の生態系に影響が出ない範囲内と、国によって決められている数値」（中部電力広報部）というが、中部電力では海水の取水時と排水時の温度差のごまかしもしていた。1、2号機が7・9℃以内、3、4号機は7℃以内の値におさまるよう、記録担当者が所轄部署の要望や職場の申し送りで、「（環境影響評価書の）評価値を超えないよう75年ごろから2003年2月まで温度計を不正操作し、記録データを改ざんしていた」（2007年3月31日付・朝日新聞　静岡版）。

「原発が造られてから御前崎近海は磯焼を起こし、海草のアラメがなくなったという話を漁師からよく聞きます。魚の水揚げも昔に比べれば大きく減少しています。海水温が上昇したからです。長良川とか信濃川の水温が7度も上昇して海へ流れ込んだとしたら、沿岸部に何の変化も起きないはずがない。絶対に海の生態系は変化しますよ」（長野栄一さん）

ただし、原発建設の補償金をもらっている漁協関係の漁師は原発に関して何もいわない。「こういう話をしてくれるのは補償金をもらっていない漁師です」と長野さんは打ち明ける。

海草がなくなれば魚が産卵することができなくなる。しかし中部電力は反対に、「海水温が低下して海の生物の活動がにぶる冬場でも、海水温が適切に保たれるので魚介類がよく育つ」と説明しているという。

白血病、甲状腺、リンパ腺の病気

〝微量で、環境や人体への影響はない〟と電力会社がいう放射能の漏れ出しだが、現地で聞き取りをすると、さまざまなかたちで被曝の影響が出現しているとしか思えない。原発から10キロ以上離れた場所の住民でさえ、放射能が原因だと思われる病気の恐怖と向かい合わせで暮らしている。

「薬局へ行く度に、甲状腺やリンパ腺関係を患っている人が多いという話を聞きます」

こう語ってくれた藤原さんは御前崎市に隣接する掛川市に住んでいる。浜岡原発からは西へ10キロほどである。藤原さんの家族にも健康への影響が現れているという。

「私の母は甲状腺が腫《は》れ上がっています。高齢ということもあるかもしれません。しかし私の甥は7年前に悪性リンパ腫で亡くなってしまった。家の近くでは私と同じような体験をしている事例がたくさんあります」（藤原さん）

また、原発から1キロほどのところに住んでいる人はこう教えてくれた。

「近所で、あそこの家の息子さんが白血病で亡くなられたといった話をしばしば耳にします。脳腫瘍、肺ガン、女性の膠原病などの話もよく聞きます」

さらに近隣の住民たちから得た証言は驚くべきものばかりだった。

「原発から4キロほど離れた牧ノ原町に住んでいる方が、4、5年前にお子さんを脳腫瘍で亡くし、その直後に奥さんを白血病で亡くされた」

「浜岡出身で東京の大学へ進学した人が、大学で体内被曝の量を測定したら、他の学生に比べて20倍も高い値が出た」

「ある病院の院長先生が『この地域で白血病になったという話はよく聞きます。原発の影響が考えられますね』といっていた。しかし、最終的な死亡原因は心不全とか肝不全と診断される。疫学調査も行なわれていないため、放射線が原因だということが証明できないそうなのです。医者としては、『原発の影響があるだろう』ぐらいにしかいえないと語っています」

原発のある地域では、こうした話はいくらでも聞くことができる。若狭の寺院の住職が語る「私は住職をして十数年来、ガンと白血病以外の葬式をしたことがありません」という逸話が、『いのちを奪う原発』（東本願寺出版部）に紹介されているが、これを語った住職自身もガンで亡くなっている。

「息子はなぜ白血病で死んだのか」

浜岡原発の保守点検作業に従事していた嶋橋伸之さんが白血病で亡くなったのは１９９１年10月20日のことだった。嶋橋さんは高校を卒業した81年、「協立プラントコンストラクト」に入社した。中部電力の保守・定期検査作業を請け負う「中部火力工事」の下請け会社「中部プラントサービス」のさらに下請け、いわゆる孫請け会社である。入社してすぐに配属となったのが原発部門で、仕事先は浜岡原発だった。嶋橋さんは原発で働くことに誇りを感じ、89年までその仕事に携わった。この８年半の間に浴びた放射線の量は合計５０・９３ミリシーベルトだった。

からだの不調を感じ始めた嶋橋さんは病院で診察を受けた。検査の結果、白血球が通常の3倍に増えていることがわかった。嶋橋さんは放射線管理区域から離れた仕事に代わり、通院生活を送ったが、2年後に29歳という若さで亡くなった。

「息子はなぜ白血病で死んだのか」――嶋橋さんの両親の心に疑問が湧いた。会社は遺族に3000万円の弔慰金を渡し、労災認定をしないという念書を取った。こうした会社の対応に不信なものを感じた両親は、労働基準監督署に相談に行った。被曝労働に従事する労働者には、被曝線量を記録する「放射線管理手帳」が発行される。両親は、労災認定手続きのために、会社に「放射線管理手帳」の返還を求めた。しかし、なかなか返還に応じてもらえず、返ってきたのは伸之さんが亡くなって半年が経ってからであった。

記録を見ると、伸之さんは労災認定の要件となる線量・年間5ミリシーベルトを超える放射線を浴びていることがわかった。両親は93年に磐田労働基準監督署に労災申請を出し、翌94年に認定が下りた。この事件はマスコミでも大きく報道され、伸之さんの放射線管理手帳のデータが改ざんされていたことも判明した。

放射線業務に従事する者は5年間で100ミリシーベルト（ただし1年間で50ミリシーベルト以内）の被曝を受けてはならないとされている。嶋橋さんの場合は8年間で約50ミリシーベルトの被曝である。それでも彼は白血病を発症した。このケースでは労働基準監督署によって原発と白血病との因果関係が認定されたが、中部電力はいまだに、その因果関係を認めない。

「浜岡原発の現場作業をしていた人が、半年間働いただけで500万円の退職金をもらったという話があります。多量の被曝をしたからです。被曝労働の実態が公になるのを怖れているんでしょう」（伊藤実さん）

被曝労働者の安全は度外視

労働者の被曝問題は、周辺住民への健康被害と並んで、原発立地地域の被害で最も大きなもののひとつである。

原発労働は重層構造となっている。原子炉近くなどの放射能管理区域での作業者はいわゆる孫請け、ひ孫請の人たちによって支えられている。放射線レベルが高く、最も危険な区域で働く人たちへの安全教育も、そうした孫請け会社が行なっている。

渡辺範彦さんは「中電プラント」の下請け会社に勤めた経験があり、そこで安全パトロールや浜岡原発4号機の建設関係といった仕事に就いた。また、新規作業者を受け入れる時に、最初に行なう安全教育にも携わったことがあった。

「安全教育というのは原子力の正しい知識を教え、作業手順などについてもきちんと教えるべき責任のある仕事です。本当は、中部電力の社員が責任を持って教えるべきだと思うのですが、そうしたことも孫請けの私たちがやっていました。私は新規作業者の研修所で講師の補助員をしたのですが、講師は原子力の知識を持った専門家ではありませんでした。マニュアルに沿って、『原発はいかに安全か』ということをしゃべるだけです。しゃべり方が上手いというだけで講師になる人を選んでいました」

被曝労働については、黒い噂も耳にする。被曝しやすい危険な場所での仕事を請け負う会社には、暴力団と何らかのつながりを持つ企業もあるという。

「電力会社は被曝労働の実態が世間に知られたら困る。一方でそうした職場へは高い賃金で人を送り込むことができる――そうした持ちつ持たれつの構図があるのでしょう。原発建設が盛んだった頃は、こんなのどかな田舎町なのに、多い時には6つもの暴力団事務所がありました」（伊藤さん）。

実際には原発の作業に従事している多くの人が被曝し、病気になったり、亡くなった人もいるのだが、労災申請を行なう人は少ない。申請をしても認められないケースも多い。労災申請をしない理由は、「被曝者であることが知られると差別を受ける」と怖れているからだ。

原発での作業は、被曝線量との闘いである。作業に従事する人の年間被曝線量は決められているので、たとえば半年で規定の被曝線量に達してしまったら、残りの半年間は働けない。1日の被爆線量の限度も決まっている。作業の場所によっては2、3分で上限に達してしまう区域もある。ボルトの頭をスパナで半分回したら、すぐ次の作業員と交代しなければならないような猛烈な放射線を浴びる場所もあるという。

労働現場で日常的に被曝し続ける労働者たちの健康被害は、一般の周辺住民よりも顕著に大きい。被曝線量の関係で浜岡で働けなくなった原発労働者は、次には別の原発へと仕事を求めて渡り歩く。そのため、彼らの生活の実態や健康の状態を継続的に追うことは難しく、どこでどのように被曝したかを正確に証明することもまた困難だ。

実際に原子炉の底へ入ったことのある伊藤さんは、「暗くて蒸し暑く、しかも狭い場所。一般人であればわずか30秒ほどで許容量をオーバーしてしまう」と語る。

防護服のために動作も鈍くなる。普通ならば1人で30分もあればできるような仕事でも、何人もが次々に交代しながら作業しなければならない。つまり、ちょっとした作業にも多くの人手が必要になり、人件費がかかってしまう。そこで点検作業期間を短縮することによって人件費コストの削減が図られる。原子炉の定期点検時に行なわれる「窒素パージ」でも、風向きなどを選んでいる余裕などなくなるのだ。

固い岩盤の正体

原発は、重大な事故を起こした時だけが危険なのではない。住民にとっては存在していること自体が危険なのだ。それをさらに危険な状態にしているのが、地震の脅威である。

中部電力は「浜岡原発は固い地盤まで掘り下げて、そこへ直接基礎をつくっているので東海地震クラスの地震が来ても大丈夫」と主張する。だが中部電力がいう固い地盤とはどういうものなのか。

御前崎の辺りは400万年前の砂と泥が堆積した相良《さがら》層と呼ばれる地層の上にある。海から運ばれた砂と泥が堆積した層で、貝の化石がよく取れることでも知られている。地質学の研究者によれば、「軟岩」という位置付けになり、耐震性の高い岩盤ではない。周囲の地層が軟弱だと、揺れはかえって大きくなるのだ。

相良層は青っぽい色をしており、地元の人たちはこれを「青岩」と呼んでいる。

「昔は道路の補修の時に、砂利を入れることがよくありました。私もデコボコになった道路へ青岩を取ってきては入れていました。柔らかいのでスコップやクワで掘ることができました。また、私の家の駐車場に、原発を造るときに掘り出した岩盤を入れてみたのですが、しばらくしたら風化してぼろぼろになり、雨が降るとドロドロになってしまった。しかたないから、上からアスファルトで鋪装しました」（伊藤実さん）。

渡辺範彦さんは、温排水の海底トンネルを掘ったときの様子をこう語る。

「トンネルをシールド工法の機械を使って掘削しました。海底の岩盤を６００メートルほど掘りましたが、機械は何の抵抗もなくさくさくと掘り進んでいきました。岩盤を突き崩すといった感じはまったくありませんでしたね」

「原子炉建屋を建てる時に掘り出した岩盤の一部は、浜岡砂丘の遊歩道などに使われています。そこへ行けば固い岩盤というのがどんなものかわかりますよ」。藤原照巳さんにそう教えられて、浜岡砂丘の遊歩道に行ってみると、岩盤というよりも少し固めの粘土岩といった感触のものだった。

設計技師の告発

２００５年４月15日のインターネット新聞「ＪＡＮＪＡＮ」に衝撃的な記事が掲載された。

かつて日本原子力事業株式会社（現在は東芝）の社員として浜岡原発2号機の設計に当たった技術者が、「浜岡原発は岩盤の強度が弱く地震に耐えられない」と告発したのである。記事の中で「浜岡はちょっとした地震でもビンビン揺れる」「これが大地震もなかったのに配管が壊れたり、シュラウド（※原子炉圧力容器内部に取り付けられた円筒状のステンレス製隔壁。燃料集合体や制御棒を収納する）に亀裂が入った原因と思われる」と書いている。

さらに「現在の原子炉の耐震設計は横波に対してのみ行なっており、阪神淡路大震災のような縦波も強い直下型地震では制御棒の挿入が不可能となる」としている。

岩盤の強度や地震の大きさに合わせて原発を設計したのではなく、原発に合わせて岩盤の強度や耐震基準を作り替えていると告発しているのだ。伊藤実さんも、「1号機の建設工事の時、工事現場へ運び込まれた鉄骨が、建設関係の業者によって夜間のうちに運び出され、代わりに質の悪い鉄骨が運び込まれていた」という。それが事実であるとしたら、原発の耐震性はさらに危ういということになる。

2007年3月19日、浜岡原発訴訟の公判が静岡地裁で開かれた。ちょうど同日の午後には、電力会社によるデータ改ざん・事故隠しなどの記者会見が開かれる予定だった。

午前中に開かれた裁判で、原告側から「志賀原発で制御棒脱落や臨界事故が隠蔽されていたが、中部電力では過去においてそのような事故はなかったのか」との質問があった。それに対して中部電力側は「重大なものはないと思っている」と証言。原告側が「制御棒が複数本抜けるという想定をする必要はないのか」と質問をしたところ「手引きに定めているので必要ない。平成4年に……」といいかけて口ごもり、弁護士と相談を始めた。そして「91年に3号機で複数の制御棒が引き抜けた。それで平成4年に手引きに定めた」と証言を変えた。なぜ一転して制御棒脱落事故を認めたのかといえば、その日の午後に記者会見で、この件を公表する予定があることを思い出したからだった。それがなければ、深刻な事故はなかったと押し通した可能性が高い。

津波、余震により決定的な損傷が

地震の影響を最も受けやすいのが、原子炉の周囲をはうように張り巡らされている配管の破断だろう。配管がいくら丈夫な素材でできていても、いくつもの継ぎ目が存在する。原子炉も原子炉建屋も頑丈に作られているため、地震が起きると揺れの大きさや方向に食い違いが生じ、配管にねじれを生じさせようとする力が働く。それがまた、配管破断につながるのだ。

冷却水を流す配管の途中には再循環ポンプがある。再循環ポンプの重量は100トンで、原子炉格納容器の中にある。これは固定されず宙吊りにぶら下げられている。しっかり固定すると、配管内を流れる冷却水と原子炉の温度差による膨張率の違いで配管にねじれが生じ、破断する恐れがあるからだ。100トンもの機械がぶら下げられていれば地震の揺れには極めて弱い。激しい揺れで落下したり、ポンプと配管の継ぎ目が外れる可能性もある。

そこで浜岡原発5号機では、再循環ポンプを熱膨張や地震の揺れにも耐えられるように原子炉の中へ入れた。しかし、容易に人が近づけない場所に設置すれば、何かが起きた時すぐに点検することができない。また再循環ポンプが壊れると、その破片が原子炉の中を循環する。福島原発でも、実際に再循環ポンプが壊れて破片がタービンの中にまで運ばれたという事故が起きている。

「地震で真っ先に壊れるのは配管だろうと現場の作業者はいっています。交換作業は、狭くて暗く、短時間で作業しなければなりません。しかし、原発労働でもいまや熟練技術者がいなくなってきています。ただでさえ危うい配管は、交換作業をすれば、さらに危険な状態になるともいっていました」（伊藤実さん）

恐ろしいのは直接の揺れで起きる施設の破壊だけではない。およそ150年前に起きた安

東海地震の震源域の真ん中にある御前崎市。南海地震、東南海地震との連動も懸念される

政大地震でも多くの死者を出した、津波による被害も同様に十分考慮しておかねばならない。津波に対して中部電力側は「地盤が高く、前面に砂丘があるので安全性は確保されている」と主張しているが、問題は沖合に設けられている冷却水の取水口である。

津波は海底をも動かすエネルギーを持ち、大量の土砂が運ばれてきて港を埋めてしまう例もある。もしも冷却水の取水口が砂で埋まってしまったら、原子炉は冷却する術を失う。原発の中には巨大な貯水プールがあるが、地盤の隆起によりそれが損傷を受けることも十分考えられる。原発は、危ういバランスの上で稼動する超巨大システムであり、小さな部分で起きたエラーが最悪の事故にまでつながってしまうことが恐ろしいのだ。

また、地震や津波によって御前崎市一帯が甚大な被害を受けた場合、原発で起きた火災や損傷をサポートすることは事実上不可能になる。大地震では大規模な余震も繰り返し起きる。東海大地震で想定されるマグニチュード8・5の本震で、原発のどこにも損傷が起こらないことはありえない。原子炉そのものさえ何かのダメージを受けることだろう。そこに大余震が数度襲ったら、決定的な損傷が起きる可能性は否定できない。原子炉の耐震設計では、連続して限界規模の揺れにさらされることなど想定していないからだ。

もう一つ気がかりなのは、浜岡原発の敷地内を走っている「H断層」の存在だ。4本の断層があることが公表されており、しかもその内の1本は原発の真下を走っている。このH断層が活断層か否かは、今後の調査を待たねばならないが、地震で恐ろしいのは活断層だけではない。H断層の断面図には「破砕帯」が見られ、これはかつて地震によって動いたことのある古傷である。東海大地震の起きた際、この断層が「連動」して動くことが十分に考えられる。

「浜岡原発」事故シミュレーション

ここで再び瀬尾健氏のシミュレーションを手がかりに、東海大地震で浜岡原発に破局的事

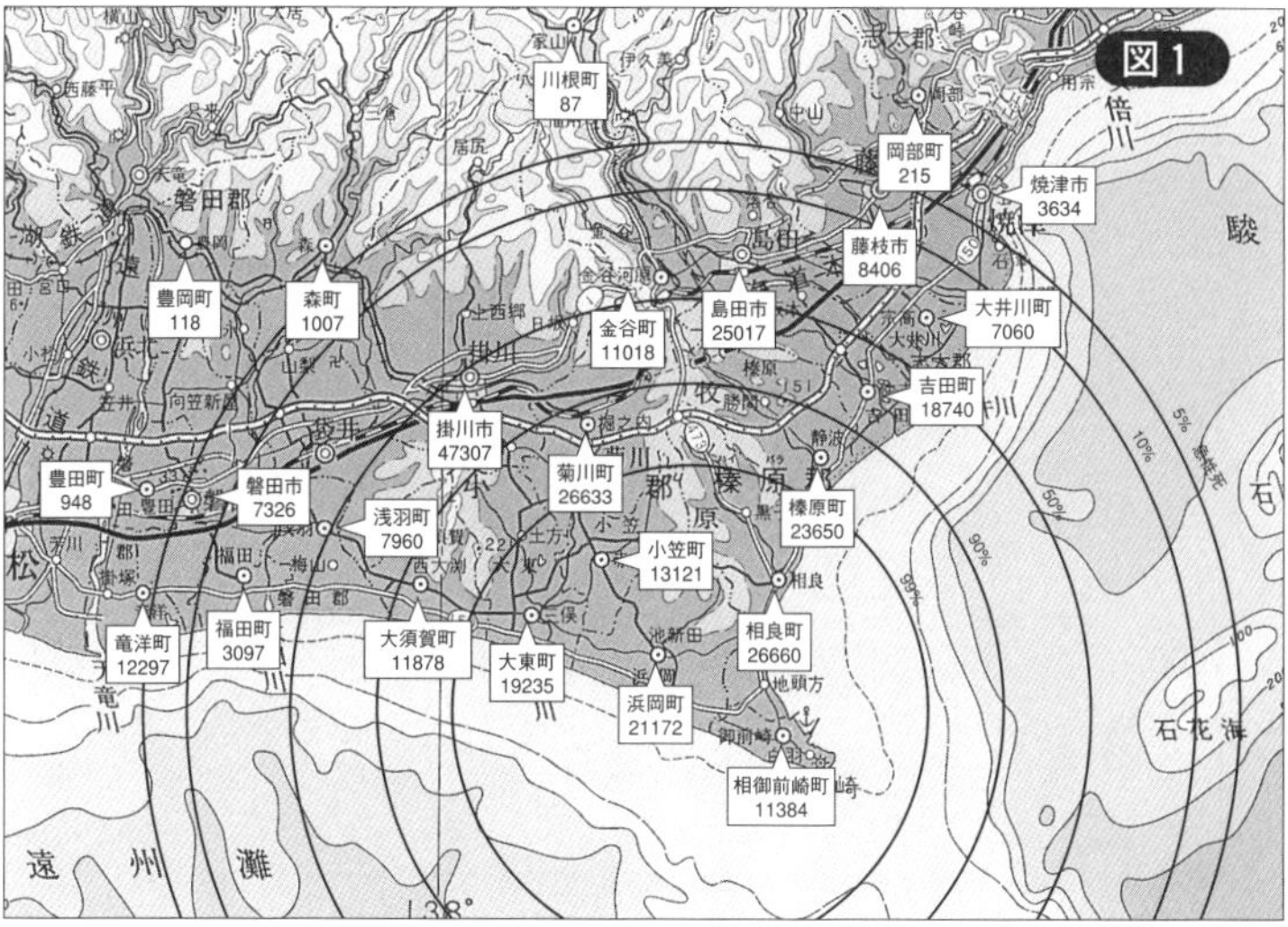

故が起きた場合の被害を想定してみよう。瀬尾氏は、3号機を取り上げている。制御棒の完全脱落が問題になった、出力110万キロワットの巨大パワー原子炉だ。

浜岡原発は御前崎の岬西側の付け根に位置しており、南は太平洋、東は駿河湾と海に囲まれている。近隣の最大都市である浜松市とは直線距離で38キロ離れており、かろうじて放射能による急性死が予想される範囲の外になる。しかし、この地域は志賀原発や福島原発などに比べてもともと人口が多いのだ。「急性死者数」を示す**図1**からわかるように、北東に風が吹いた場合、人口約8万人の掛川市は住民の半数以上である約4万7000人が急性死、袋井市（人口6万人）でも1万50

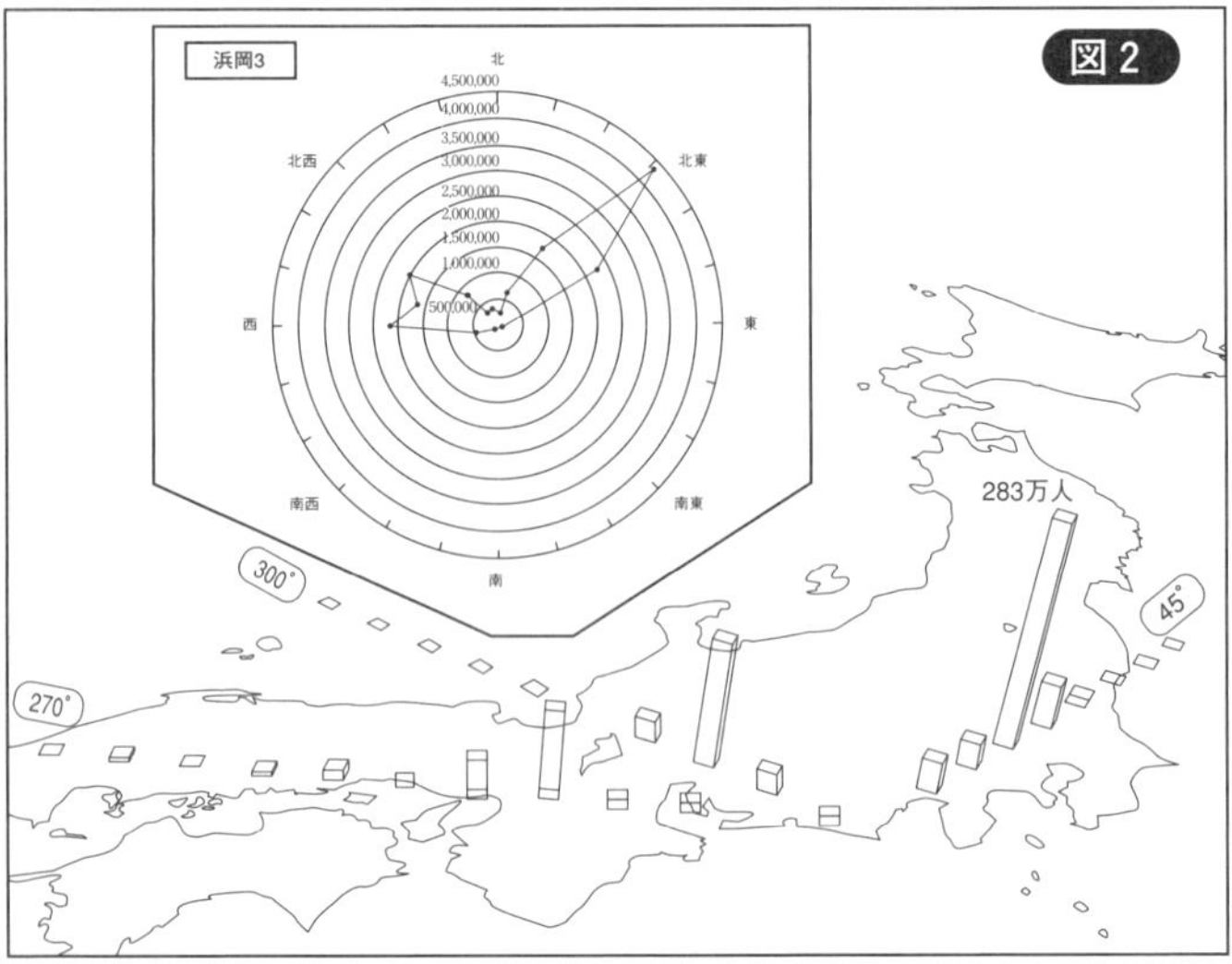

００人の犠牲者が出る。風が北に向かえば旧相良町地域で２万６０００人、島田市（人口７万６０００人）で２万５０００人超の急性死者が出る。西を見ても旧浜岡町で２万人超、大東町約２万人、大須賀町約１万２０００人、人口約９万人の磐田市も急性死５％の円内に入り、７０００人以上が犠牲となる。

　そして「被曝による晩発性ガン死者の分布」を示す**図2**を見ると、西から東へ風が吹いた場合、放射能が首都圏へ向かうことがわかる。偏西風の影響で、日本列島の天気は西から東へと推移することは常識だろう。浜岡で発生した原発事故は、首都・東京を壊滅させる惨事を招く可能性がきわめて高いということだ。北東45度の方角で見た最大ガン死者数は４３

図3

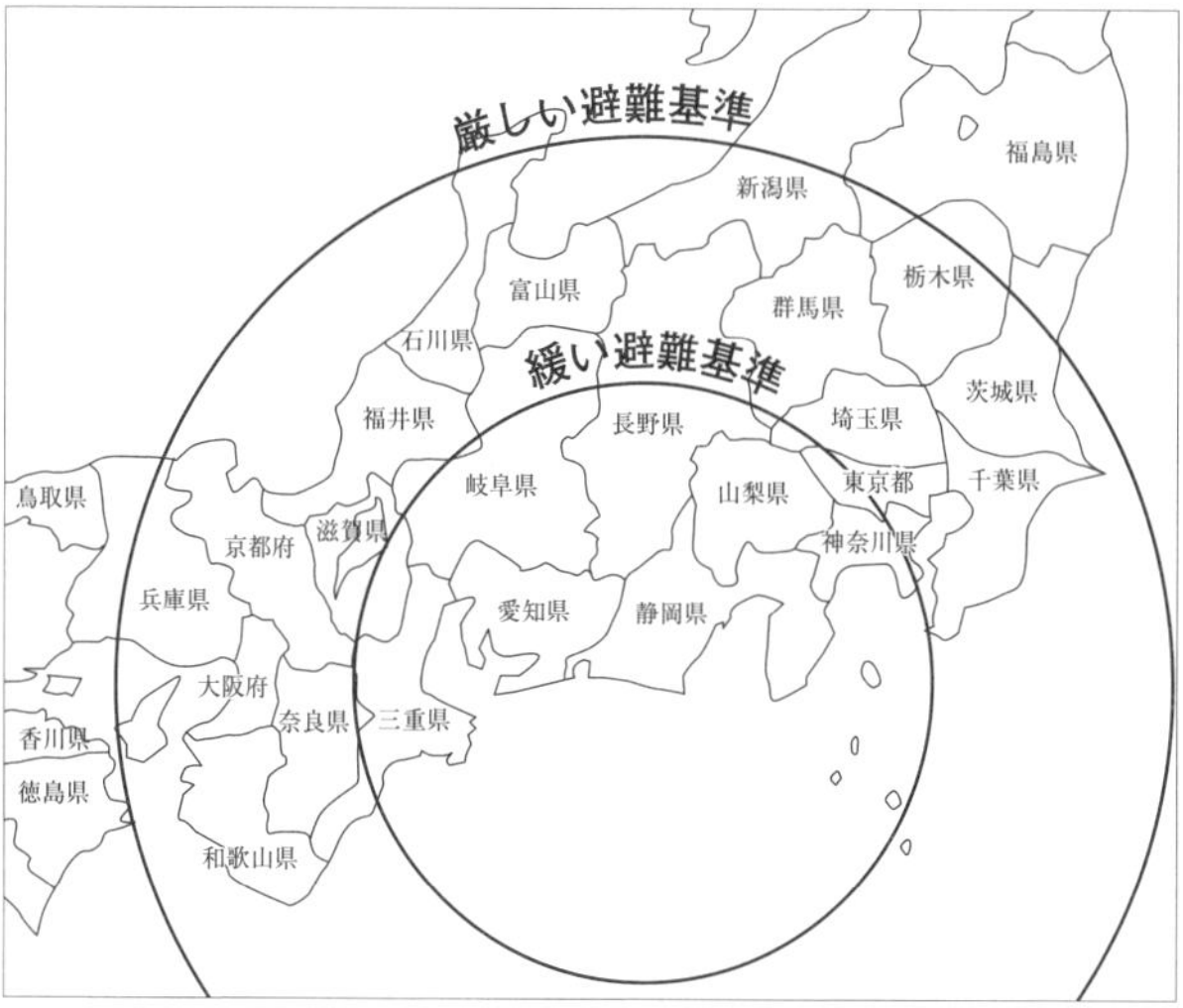

4万人。この大部分を占めるのは東京・神奈川・埼玉・千葉を中心とする首都圏なのである。

反対方向の西へ風が向いた場合も、最悪の結果が待っている。北西270度方向には近畿圏があり、ガン死者総数は150万人を超えるだろう。また、北西300度方向120キロの距離には名古屋があり、ガン死者総数はやはり150万人規模となる。

830万人もの死者を出す原発ドミノ事故

原発事故発生後に「長期避難が必要となるエリア」を示す**図3**では、「緩い避難基準」で見ても東は東京、西は名古屋までが避難の対象区域となる。「厳しい避難基準」を採用

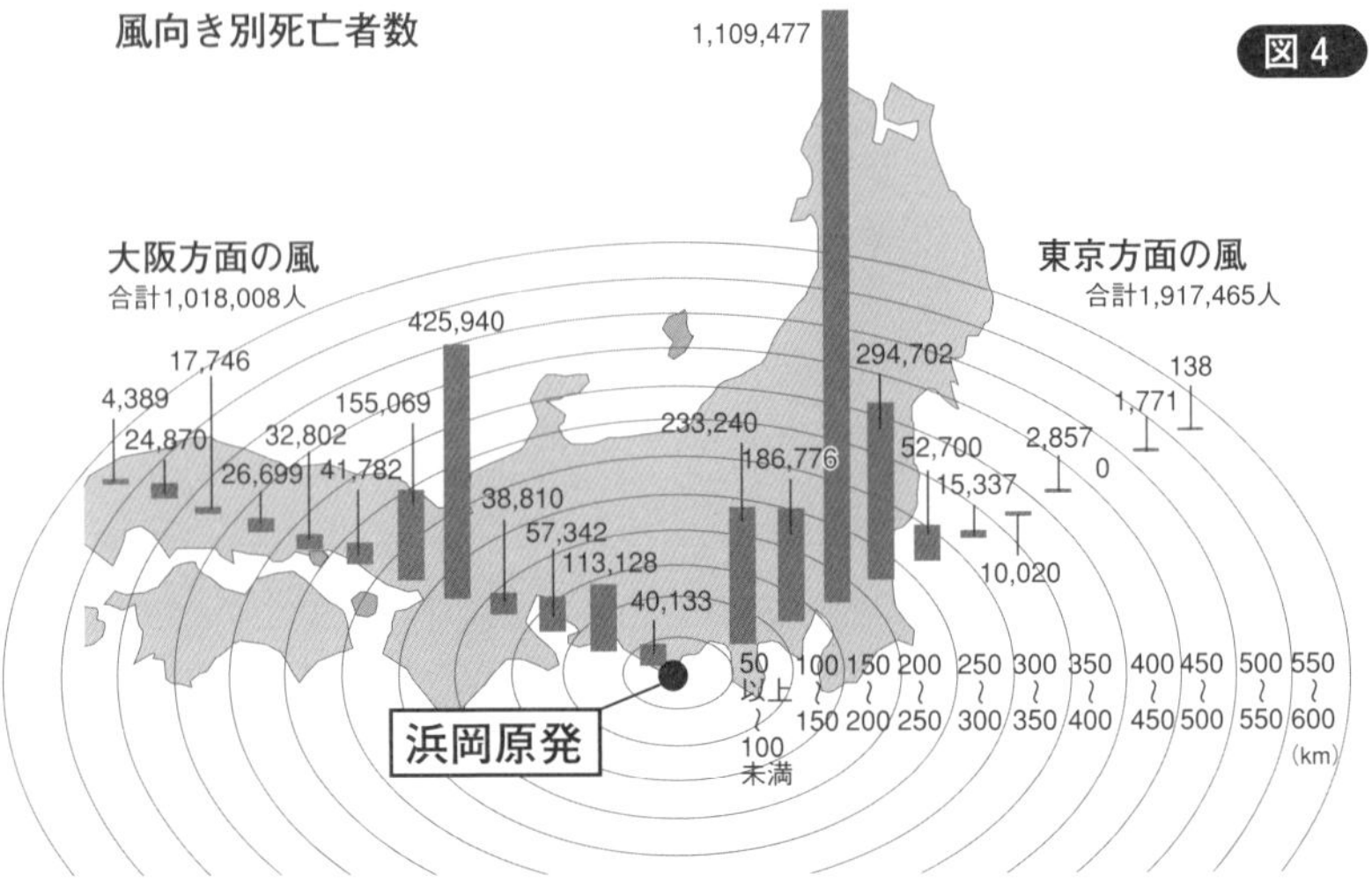

しようものなら、東は水戸市、北は能登半島、西は姫路までが含まれてしまう。日本列島の中央部が長期間の避難を必要とする区域になるわけで、その影響の大きさははかり知れない。日本の全人口の３分の１近くが帰るべき家を失い、生活の基盤を放棄させられる。日本経済も回復不能のダメージを受けるのは必至である。その時、経済以外に誇るべきもののないこの国はいったいどうなってしまうだろうか。

この浜岡原発の事故については最新のデータもある。瀬尾氏の同僚だった京大原子炉実験所の小出裕章氏が研究を引き継ぎシミュレーションしたものである。この事故シミュレーションでは、出力１１３・７万キロワットの４号機を取り上げている。

それによれば、東京方面への風が吹くと被害者数は191万人にのぼる（**図4**）。都道府県別死者数では東京都民・約63万5000人、神奈川県民・約42万4000人、埼玉県民・約30万人、静岡県民・約24万5000人、千葉県民・約14万人…と続く（**表1**）。

反対に名古屋・大阪方面に風が向いた場合でも、大阪府の約42万5000人をピークに合計で101万人が亡くなるという。瀬尾氏のシミュレーションより数字が小さくなるのは、小出氏が新たに「避難までの日数」という係数を掛けているからで、すべての被災地の住民が7日後に避難した場合を想定している。

表1

都道府県別死亡者数（人）

	4号機のみ	1〜5号機すべて
東京都	635,179	2,791,541
神奈川県	424,279	1,864,655
埼玉県	299,559	1,316,539
静岡県	245,898	959,181
千葉県	138,280	612,138
茨城県	88,680	389,744
栃木県	50,598	222,358
福島県	15,974	70,197
山梨県	10,132	44,532
群馬県	5,669	24,914
宮城県	2,077	9,130
北海道	75	328
岩手県	65	287
合計	1,917,465	8,305,544

小出氏はもう一つの戦慄すべきシミュレーションを行なっている。浜岡原発の1〜5号機すべてが運転中にドミノ倒し的に連鎖事故が起きたらどうなるかというものだ。その場合、首都圏方向に風が向かうとすれば実に830万人もの死者を生み出す結果となった。人類史上最大の厄災が第二次世界大戦とすれば、この数字はそれに次ぐ死者数を記録することになるだろう。

それをたった一カ所の原発が引き起こす。ここに災害による二次的犠牲者の数（衰弱、飢え、凍死など）を加えるとその数はいったいどれほどにのぼることだろう。

原発マネーに翻弄される住民

中部電力広報部は、「(浜岡原発がある) 地元からは、原発について大変ご理解をいただいています」と語っていた。国も「浜岡は原発反対運動のない優等生」との見方をしてきた。確かに浜岡を歩いてみると激しい反対運動が目立つわけではない。反対に原発を歓迎するムードがあるわけでもない。なにか得体の知れない大きな力が町全体を包みこんでいるような、奇妙な危うさに覆われている。

旧浜岡町は、昭和30年の市町村大合併で5つの村が合併してできた町である。平成16年に御前崎町と合併して御前崎市となった。原発が立地しているのはかつての佐倉地区で、1号機が着工されたのは昭和46年のことだ。中部電力は、当時坪5〜6万円だった土地を坪18０万円で買収。漁民に対しては巨額の漁業補償金が支払われた。続いて2号機建設の話が出た。中部電力は1号機建設の時にすでに広大な土地を買収しているので、土地買収の交渉をする必要はなかった。漁民との間で漁業交渉をするだけでよかった。

住民からは不満の声が上がった。原発を増設するたびに漁民には補償金が出るのに、地主たちには一銭も入らないからだ。地元民は原子力発電所佐倉地区対策協議会（佐対協）を立ち上げ、中部電力と住民との交渉窓口とした。3号機建設の時には反対運動まで行なった。しかしそれは結局、中部電力からお金を引き出すための条件闘争に過ぎなかった。

「1号機の建設を認めてしまったため、生活のために中部電力に頼るほかなくなっていった。でも、潤うのは原発の建設期間中だけです。だから3号機の建設が終わると4号機の建設を頼りにして中部電力に陳情に行くようになった」（伊藤実さん）

原発の建設工事が行なわれると工事関係者が宿泊する民宿、飲食店がにぎわい、土建業者に巨額の金が落ちる。しかし工事が完了すると、そうした原発バブルは一気にしぼんでしまう。商売を盛り返したいと考える者たちは多く、さらなる原発誘致に期待をかける。

町民の多くが原発は恐いというイメージを持っていても、具体的な知識は持ち合わせていない。中部電力からの「原発から放射能が漏れるようなことはない」という説明や、漏れたとしても「スプレーをかけるだけで放射能を中和してしまう研究をしている」という類の話を素直に信じ込む人も多かった。

伊藤さんは1号機建設当時、町を出ていた。家業を継ぐためにUターンしてきた時には、故郷のいびつな変貌ぶりに恐怖を抱いたという。

だが、チェルノブイリ事故や阪神淡路大震災の被害を見た町民の中には、原発の安全性に疑問を持つ人も現れてきた。原子力の専門家を呼んでの講演会も開かれるようになった。中部電力はこうした住民の動きに敏感だった。

「チェルノブイリ原発は日本の原子炉とは形式が異なる。また、あれは作業員の違法な操作によって起きたことであり、日本ではあり得ない」と中部電力は力説した。茨城県東海村で起きたJCO臨界事故の時も、事故で亡くなった二人が手順を無視して勝手な作業を行なったために起きた事故であると歪曲し、しかも製造工程での事故だから原発では起こりえないとして、必死に町民を説得して回った。

原発に反対の立場を取る人たちには、さまざまな圧力が加えられた。「浜岡原発を考える会」では、慶応大学の藤田祐幸助教授を招き講演会を企画したことがある。藤田助教授は、浜岡原発で働いていた労働者の被曝問題に関わるなど、原発の危険さを訴え続けてきた物理学者だ。

「講演に参加した人間はすべて中電にチェックされていました。飲食店などの経営者も何人かいたのですが、そうした店へは中部電力関係者の出入りが禁じられました。そのため、気持ちの上では原発反対ではあっても、商売のことを考えると反対の意思表示をしにくいという人もいます。中部電力のブラックリストに乗るのが怖いんですよ」（伊藤実さん）

生活のためには中部電力関連の仕事をせざるを得ない人も多い。浜岡町の地域経済は原発という巨大事業に骨がらみ依存してしまっているのだ。かつては町内に原発に疑問を抱えていた人もかなりいたのだが、一人、二人と口を閉ざさざるを得なくなっていった。

また原発の立地する自治体には「電源三法」（電源開発促進法、電源開発促進対策特別会計法、発電用施設周辺地域整備法）に基づいて交付金が支払われる。御前崎市にも、浜岡1号機の建設以来、多額の交付金が自治体の財政を潤してきた。その金額は、1・2号機（昭和50—53年度）22億3530万円。3号機（昭和58—63年度）63億3000万円。4号機（平成元—10年度）76億9442万円。5号機（平成12—17年度）69億2932万円。人口3万6600人の御前崎市にとって、この金額は異常なほどに大きなものだ。自治体財政は完全にこの原発マネーをあてにしきっている。

町内会で旅行やイベントを企画すれば、中部電力が金を補助してくれる。やがて住民の側からもそうした補助金を要求するようになっていった。一度でも金を受け取れば、正面切って原発に対する疑問を口にしにくくなる。そんな浜岡町でも、さすがに5号機建設の話が持ち上がった時は多くの人が反対の声を上げた。しかし結局は押し切られて、5号機は2005年1月に完成した。

「愚かさの象徴」――1億2000万円の鳥居

国道150号を御前崎方面へ向かうと左手に巨大な赤い鳥居が見える。中部電力が5号機建設の見返りとして、佐倉地区に古くからある氏神様「佐倉ケ池神社」のために1億2000万円をかけて建てた。伊藤さんは、これを「愚かさの象徴」だといった。

浜岡原発1号機は、2001年11月の事故以来稼働していない。2号機も現在は止まったままである。1、2号機合わせて135万キロワットの発電出力が稼働していないのだが、それでも電力不足の影響はない。

「中部電力が浜岡で取得した原発用地は4号機分だけでした。それでも4号機の建設が終わると、原発バブルでしか生きられない人たちがぜひもう1機建設してほしいと中部電力に陳情に行きました。見てください。1号機から4号機までの並び方に比べて5号機は揃っていないでしょ。無理に建てているからです。でも、もうこれ以上原発を建てるだけの敷地はありません。電力業界にも自由化の波が押し寄せています。原発は膨大な建設コストがかか

「佐倉ケ池神社」に奉納された1億2000万円の大鳥居

ります。維持費もかかります。国は相変わらず原発を推進していますが、電力会社としてはこれ以上原発を造りたくないというのが本音ではないのでしょうか。この町もこれからは原発で潤うということはないでしょう」

伊藤さんはそういって「浜岡原子力館」の展望台から浜岡原発5号機を指さした。

原発の近くには必ずこの「浜岡原子力館」のようなＰＲ施設が併設されている。発電所に劣らず予算をかけた立派な建築物である。館内には地元の美しく若い女性たちが勤務しており、ガイドを頼むこともできる。展望台には子ども連れの若い夫婦の姿があった。快晴の空の下に御前崎の海が美しくきらめいている。目の前に迫る原発の躯体からにょっきり伸びた高さ１０

0メートルの排気塔を指さして、子どもが尋ねた。

「どうしてあんなに高い煙突があるの？」

「あそこからは、換気のための空気を外に出しているんですよ」。女性職員は間髪を入れず答えた。

伊藤さんは苦笑いした。排気塔から出されるのは、放射能を帯びた汚染気体である。原発はこの地に抜きがたいしがらみをもたらし、ほどきがたい構図をつくりあげてしまった。それを物語るようなシーンだった。だが、大震災がこの地を襲ったとき、そんな構図は根こそぎ破壊されてしまうだろう。

第3章 日本を滅ぼす〝原発震災〟

原発が爆発する！

それは衝撃的な光景だった。原発から大量の黒煙が立ちのぼり、炎を出して燃えているのだ。周辺には誰もいない。消火活動にあたっている様子さえ見られない。火災が消防へ通報されたのは発生から12分後。その間原発は無防備に燃え続け、鎮火するのに2時間以上もかかった。世界で初めて起きた地震による原発大火災の現場は、テレビニュースで全国に生放送され、視聴者は息を呑んでその推移を見守った。

２００７年７月16日午前10時13分、新潟県中越地方を中心とする広い地域を巨大地震が襲った。新潟県柏崎市では震度６を記録し、富山県、長野県でも震度５の揺れが観測された。家屋の倒壊などにより死者11人、負傷者１２００人以上を出す悲惨な事態となった（２００７年７月現在）。

「新潟県中越沖地震」と名づけられたこの地震の震源地は、柏崎市の沖合約２キロ。東京電力が運転する「柏崎刈羽原発」からは北に約９キロの海域、深さ17キロの地点だった。長さ36キロに及ぶ海底断層が存在し、それが最大で上下に１メートルずれたことが地震の原因

中国新聞

原発の揺れ 想定以上

新潟県中越沖地震

未知の断層で発生

耐震指針 設計基準あいまい

核心

最大加速度1018ガル

回る

新潟・長野 震度6強

中越沖地震

8人死亡 908人けが

M6.8 342棟全壊、1万人避難

2007年7月16日、中越沖地震の被害を伝える新聞各紙。

とされた。柏崎刈羽原発は、1号機から7号機まで100万キロワット超級の原子炉7機を擁する世界でも有数の巨大原発地帯である。総発電量は800万キロワットにものぼる。このうち定期点検中の1、5、6号機と起動途中だった2号機を除く3機の原子炉が地震発生時に稼動していた。

火災は地震発生の2分後に起こった。最大1・6メートルの地盤沈下により送電管が折れ曲がり、電線がショート。3号機脇の変圧器の絶縁用油に引火した。ショートした電線には、6900ボルトの高電圧がかかっていた。

火災は1時間以上も放置されていた。原発施設内の消防隊は16日が祝日だったため、全員が休暇をとっていた。当直員は119番通報したが、電話回線は不通状態だった。消防へのホットラインがある発電所事務本館の緊急時対策室も無人だった。当直員が対策室へ走ったが、事務本館の扉が地震の揺れでゆがみ、開かなかった。火災発生から12分後、やっと電話がつながり消防への通報ができた。当直の社員ら4人は火災を食い止めようとしたが、消火配管が破断しており消火栓から水が出なかった。施設内には消火栓のほかにも、軽トラックに載せた小型放水ポンプがあったのだが、「使用を思いあたらなかった」（東京電力）という。

地震の揺れで備品が倒壊した事務本館内。（東京電力提供）

変圧器内には大量の油がある。「このままでは爆発する！」——危険を感じた当直員らは消火をあきらめ、午前10時30分ごろ安全な場所へ避難してしまった。消防が到着したのは火災発生から1時間15分を経過した午前11時30分過ぎ。午後0時10分になって、やっと鎮火することができた。火災現場は、原子炉建屋から30メートルしか離れていなかった。

原発での大火災は世界でもまれに見る深刻な事故だ。これに強い懸念を示したのは、むしろ国外のメディアだった。ロシア、韓国、中国などでニュース速報が流れ、海域への放射能漏れ、大気中への放射性物質放出に警鐘を鳴らし、徹底的な調査を求めるコメントを出した。

これに対し、東京電力は「放射能の外部への漏れ出しはない」と安全宣言をいち早く発表、直後にそれを打ち消す事実が次々に判明する。その対応に、いいかげんきわまりないと非難が集中、大きな波紋を呼ぶことになった。

1・2トンもの放射能汚染水が海に

気象庁はこの地震の規模をマグニチュード6・8と発表、揺れは最大で1018ガルに達したとした。柏崎刈羽原発1号機の原子炉建屋では680ガルを計測。稼動していた3、4、7号機は自動停止したが、設計上の最大想定値273ガルの見積もりはあまりにも甘かった。その後の発表では、3号機で2058ガル（!）の揺れを観測、原発の揺れとしては世界最大のものとなった。

6号機からは、放射能汚染された水が外に漏れた。強い揺れのために使用済み燃料プールの水があふれ、放射線管理区域のフロアに漏れ出た汚染水が、非管理区域との壁を通るケーブルと電線管を通じて放水口に流れ込み、海に垂れ流されてしまったのだ。

非管理区域への水漏れを運転員が発見したのは、当日の午後0時50分ごろ。午後3時ごろには、この水から放射能が検出された。ところが国への報告は午後6時52分、検出から4時間も経過していた。さらに、それが記者会見で公表されたのは午後10時を過ぎてからだった。東京電力は午後8時ごろに地元報道機関に広報文をファクスしており、そこには「外部への放射能の影響はありません」と明記されている。あまりにルーズな対応に不信の声があがった。

東京電力広報部は、「外部への放射能漏れがない、といったのは、大気中へは漏れていないという意味」という趣旨のコメントを出した。さらには、「放射能レベルは環境や人体に影響がない程度」「ラドン温泉にたとえると約6リットルと、きわめて微量」と会見で発言し、その軽薄な表現が不安にさらされている住民たちのさらなる怒りを買った。6号機の3階にできた亀裂からは、会見の時点でもなお3秒に1滴の頻度で汚染水が滴り落ちていたことも明かされた。この時、外部に出た放射能量は6万ベクレルとされたが、実際は9万ベクレルだったことも判明。また他の6機の原発すべてで使用済み燃料プールから汚染水があふれていたこともわかった。

大気にも放射能漏れ

当初、「大気中へは漏れていない」と公表していた東京電力だが、翌17日に発言内容を一転させた。7号機の排気塔から放射性ヨウ素、コバルト60、クロム51などが検出されたと発表したのである。例によってマニュアル通りの「環境に影響はない程度」「理由は調査中」という決まり文句が繰り返された。

地震の揺れで横倒しになった廃棄物を入れたドラム缶。ふたが開き、中身が散乱したものも。（東京電力提供）

しかし、18日になっても大気への放射能放出は止まらなかった。放射能漏れの直接の原因は、発電タービン内の蒸気を封じ込める装置が地震で停止してしまい、排風機が放射能を帯びた蒸気を排気塔に送っていたからとされている。放出が止まらなかったのは、原子炉停止後30分以内に止めることになっている排風機を止め忘れていたためだった。

低レベル放射性廃棄物貯蔵庫では、放射性廃棄物を入れたドラム缶４００体あまりが倒れた。そのうち40

体はボルトで締めていたふたが外れ、中身が散乱してしまった。この件でも、当初は「ドラム缶100本が倒れた」と過少報告をしており、「東電の発表は信用できない」との声が取材する記者たちの間でも聞かれた。

東京電力が地元で初めて記者会見を開いたのは、地震発生5日目の20日になってからだった。本社のある東京では何度も記者会見をしているのに、と質問を受けると、「全体的な状況把握に努めていたので、ここでは現場第一ということで、そういう差が出た」（高橋明男・発電所所長）と釈明。また「原子炉本体に問題はないので、設計の見直しなどの必要なことを行なえば、当然運転を再開します」とも発言。先の「ラドン温泉6リットル分」発言や勝俣恒久・東電社長の「これをいい教訓にしたい」といった安全を省みない発言の連発に、憤りを見せる住民は多かった。

現地調査を行なった住民の報告によれば、原発プラントの敷地内はアスファルトに無数の亀裂が走り、道路はうねり、地盤の陥没・隆起の痕跡が見られた。構造物の落下や備品の散乱などもいたるところで確認されており、目と鼻の先では土砂崩れがあった。この地震により柏崎刈羽原発で生じた損傷やトラブルは、8月1日現在1263件にのぼり、なおこれからその数がどれだけ増えるかわからない。

18日、柏崎市長は柏崎刈羽原発の緊急停止命令を出した。消防法に基づく原発の停止命令は1995年にナトリウム漏れ事故を起こした、福井県「もんじゅ」以来二度目の事態である。これを受けて政府も、耐震性などの安全確認ができるまで柏崎刈羽原発の運転再開を認めない指針を出すことを検討。柏崎刈羽原発は、1年以上の停止を求められることになった。

焼けこげた3号機脇の変電設備。（東京電力提供）

地盤の沈下・隆起によりひび割れた道路。（東京電力提供）

原発の真下まで伸びていた活断層

地震の威力は、電力会社の想定をはるかにしのぐものだった。一般に原発が想定している直下型地震の最大エネルギーはマグニチュード6・5。ところがこの地震ではマグニチュード6・8を観測している。マグニチュードが0・2違うとエネルギーは2倍になる。

震源は、原発の北東約9キロ、深さ約17キロとされている。地震は断層に沿って破壊が進む。気象庁、防災科学研究所、東京大学地震研究所が、それぞれ余震の起きた分布範囲を解析したところ、断層は海側から陸側へ下がるかたちで傾いて走り(反対に陸へ行くほど深度が浅くなる、とした国土地理院の見解も発表されている。図参照)、原発の真下に伸びていた。

原発建設の絶対条件は、「真下に活断層が存在しない」ことである。どうして柏崎刈羽原発に設置許可が下りたのか。

京都大学原子炉研究所の小出裕章氏は、その経緯を次のよう

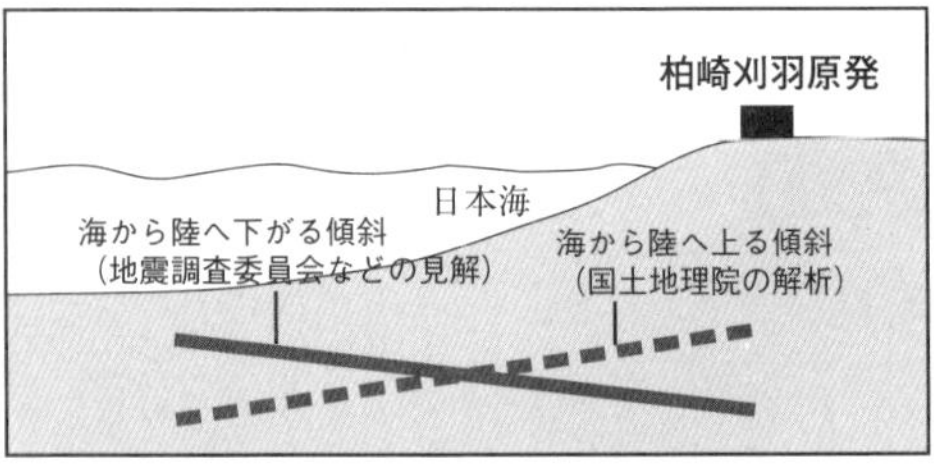

活断層は原発直下まで伸びており、海から陸へと上っていく傾斜だった可能性も出てきている

に語る。

「柏崎刈羽原発の１号機設置許可をめぐっては、設置許可取り消しを求める住民訴訟が起きています。その控訴審で住民側は、活断層が原発の周辺に存在することを示しました。ところが東京高裁は２００５年、『原告が主張する活断層は、断層ですらなく、地震の原因にならない』として訴えを退けているのです。この司法の責任はきわめて重い」

２０００年の鳥取県西部地震（マグニチュード７・３）、２００４年の新潟県中越地震（マグニチュード６・８）では、これまで発見されていなかった活断層が動き、マグニチュード６・５以上の地震が起きていた。そのため２００６年に原発の耐震設計指針が見直され、想定する直下型地震の規模を引き上げる指針が設けられた。柏崎刈羽原発でも指針を受けて２００６年10月から２００７年４月にかけて地質の再調査を実施して

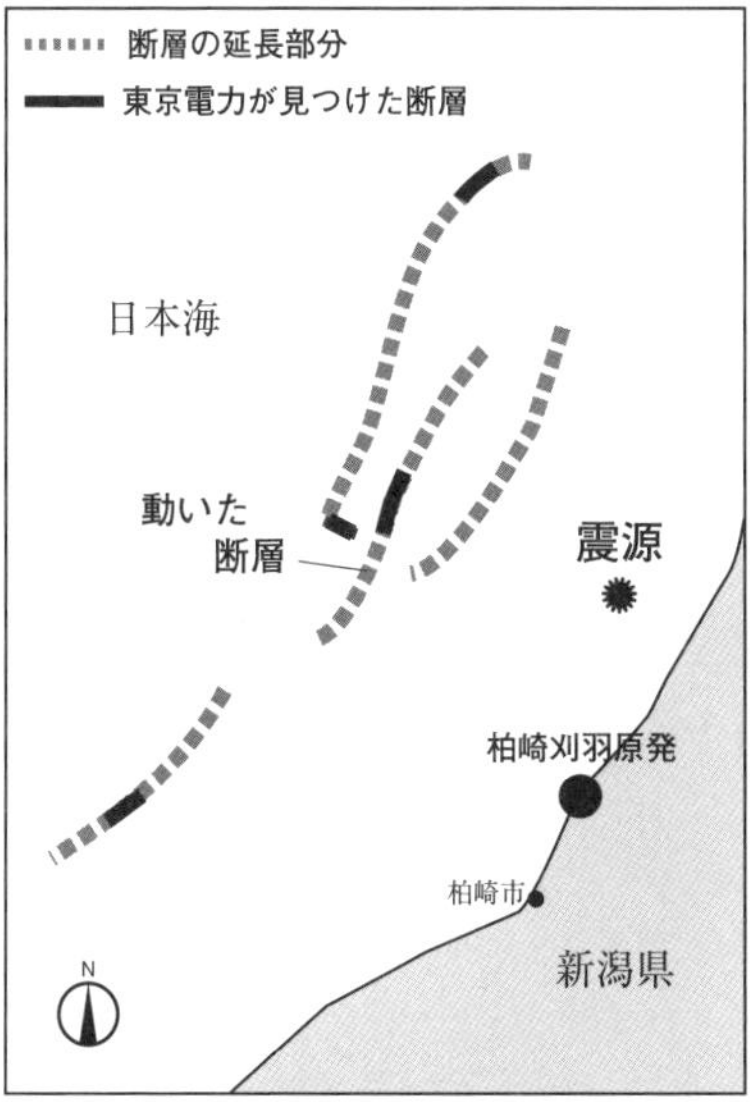

断層が連動して動いた中越沖地震

いた。その調査では今回の断層を発見することはできなかったことになる。しかし、実際には見落としではなく、見てみぬふりであった。

「東京電力は79年に原発から北西20キロの沖合にある海底断層を発見しています。ところがこれは活断層ではないと判断して、耐震評価から外しているのです。昨秋の調査でも、陸側の断層は調べていますが、海底断層は調べていない。つまり明らかな手抜き調査によって今回の危機が起きたということなのです」(京都大学・小出裕章氏)

さらに小出氏はこう指摘する。

「原子力安全・保安院の指針にしても、ただ出しただけ。どの程度の規模の地震を想定するのかという耐震の明確な数値は、いまだ決まっていない。日本列島は今、内陸型地震の活動期に入っています。また、東海地震、東南海地震も発生する周期が来ている。こうしたおざなりな状態が今後も続けば、次にはどれほど大きな原発事故が起きるかわかりません」

周辺設備の脆弱さ、防災体制の貧弱さ

柏崎刈羽原発の火災が重大事故に発展していた可能性は十二分にあった。

「3号機の火災は変圧器で起きています。変圧器が破壊されれば、外部電源喪失事故とい

うきわめて恐ろしい事態に直結します。実際に、東京電力は停電が起きたために事故への対応が遅れたとしていますが、原発内での停電はきわめて危険で、絶対に避けなければならない事態なのです」

「たとえば緊急停止装置を作動させる電源が失われれば、原子炉が暴走したときに停止することができません。冷却水を取り入れるポンプに支障が発生すれば、原子炉が過熱し炉心溶融が起きる。原発は危ういバランスの上で稼動する巨大システムです。どこかの箇所に電気が届かずダウンすることで、非常事態を生み出す可能性が高まります」（小出裕章氏）

新潟県による立ち入り調査で、変圧器が損傷したのは全部で6機であることがわかった。地震発生から1週間が経っても、まだ油漏れが止まらないものもあった。県も「3号機だけで火災が起きたのはたまたまだ」と指摘する。そもそも変圧器などの周辺設備の耐震性は原子炉本体ほど高くない。原子炉格納容器や制御棒で求められる耐震性は最も高い「AS」クラス。マグニチュード6・5の直下型地震に耐えられるよう見積もられており、地下の固い岩盤に固定されるなどの条件を満たす必要がある。ところが変圧器や送電設備などの耐震性は「Cクラス」、一般の建築基準法に基づいて建てられているだけだ。これでは地震の被害をまぬがれることはできない。

原発の防災体制（2007年7月現在）

	夜間・休日	ホットライン	化学消防車
北海道電力	呼び出し	なし	なし
東北電力	呼び出し	女川のみ	女川1台
東京電力	呼び出し	あり	なし
北陸電力	呼び出し	あり	なし
中部電力	呼び出し	あり	浜岡1台
関西電力	当直・消火担当	なし	美浜1台
中国電力	呼び出し	なし	なし
四国電力	当直・消火担当	あり	なし
九州電力	呼び出し	なし	なし
日本原子力発電	当直・消火担当	なし	敦賀・東海1台
日本原燃	専門隊常駐	なし	六ヶ所1台

防災面の貧弱さも露呈した。柏崎刈羽原発には約１０００人の人間が勤務しており、20名の消防班員がいた。しかし、消防班員が24時間常駐するという取り決めは最初からなかった。夜間や休日は、呼び出しをかけて出動させるしかない。今回の変圧器火災でも、祝日だったため、自衛消防隊が駐在していなかった。火災発見後も、「優先しなければならないことがあった」ために、現場責任者の当直長は自衛消防隊の召集さえ行なっていなかった。消防隊の当番者たちは、火災の発生そのものさえ知らなかったという。

この防災体制の不備は東京電力の原発に限ったことではなく、すべての電力会社で同じであったことが経済産業省の調査でわかっている

（表）。消防署への直通回線を持たない原発も多く、化学消防車を配備しているのは4社に過ぎなかった。「原発の多重防護」という決まり文句は、内実の伴わないお題目でしかなかったのだ。これは原発の安全を監督する国の責任が問われる事態でもあり、防災を業界任せにしてきたことが、今回の火災につながった。

また、大気中に放射性物質が漏れ出した問題でも、原子炉建屋内がどの程度汚染されたのかは公表されていない。深刻な放射能漏れがあり、必死の除染作業が行なわれていたとしても、決して不思議ではない。

急性死20万人、首都圏で250万人が被曝

その後、柏崎刈羽原発の内部が、マスコミに公開され、あちこちの部位にさまざまな損傷があることがわかった。原子炉の蓋を開閉するクレーンが倒壊し、原子炉本体にも損傷が見つかった。さらには、認可されていないはずのMOX燃料まで存在していた。

柏崎刈羽原発で破局的事故が起きたら、どうなっていたのか。ここでも、京都大学原子炉実験所の瀬尾健氏の研究データからシミュレーションしてみたい。

柏崎刈羽原発は新潟市の南西約67キロに位置する。地元の柏崎市は人口約9万人、東20キ

ロには人口19万人の長岡市という都市がある。シミュレーションで取り上げるのは1号機（出力110万キロワット）である。ちなみにこの原子炉は、2000年4月7日に制御棒脱落事故も起こしている。

また6号機でも、それ以前の96年6月10日に脱落事故が発生していた。6号機は改良型の沸騰水型原子炉（ABWR）である。運転試験中に205本中4本の制御棒が約230センチ抜けてしまった。具体的な原因の説明はされていないが、制御棒の制動を電動にした改良型原子炉でこうした事故が起きたことは深刻だ。今回の地震のように変圧器が損傷し、制御棒を動かすための外部電力が得られなくなったら、原子炉の緊急停止が不可能になってしまう。さらにつけ加えると、この96年の事故は正式な営業運転開始以前に起きている。事故が公表されていれば、6号機は運転開始できなかったはずだ。電力会社の悪質な隠蔽体質は指弾を受けて当然というべきだろう。

では柏崎刈羽原発6号機事故での「急性死者数」を見てみよう。現地の柏崎市は急性死99％のエリアに入るため、8万5000人超の人が被曝して亡くなることが予想される。特に海から陸へと東方向へ風が向かった場合は被害が大きい。急性死50％圏内の長岡市（死者約11万人）、小千谷市（死者約2万4000人）といった人口密集地の被害を中心に20万人

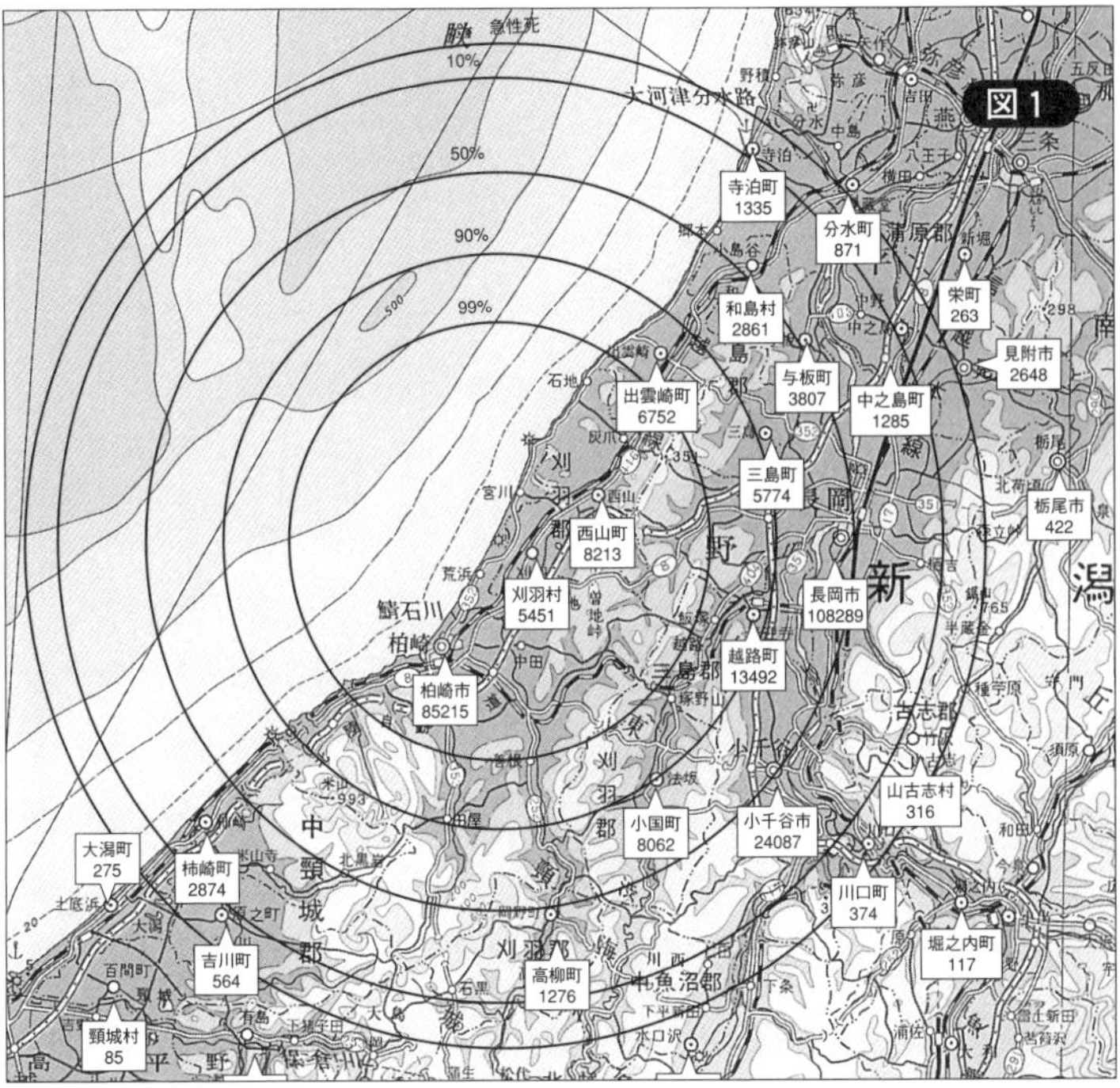
図1
急性死
10%
50%
90%
99%
大河津分水路
寺泊町 1335
分水町 871
和島村 2861
栄町 263
見附市 2648
与板町 3807
中之島町 1285
出雲崎町 6752
三島町 5774
栃尾市 422
西山町 8213
刈羽村 5451
長岡市 108289
越路町 13492
柏崎市 85215
山古志村 316
小国町 8062
小千谷市 24087
大潟町 275
柿崎町 2874
川口町 374
吉川町 564
堀之内町 117
高柳町 1276
頸城村 85

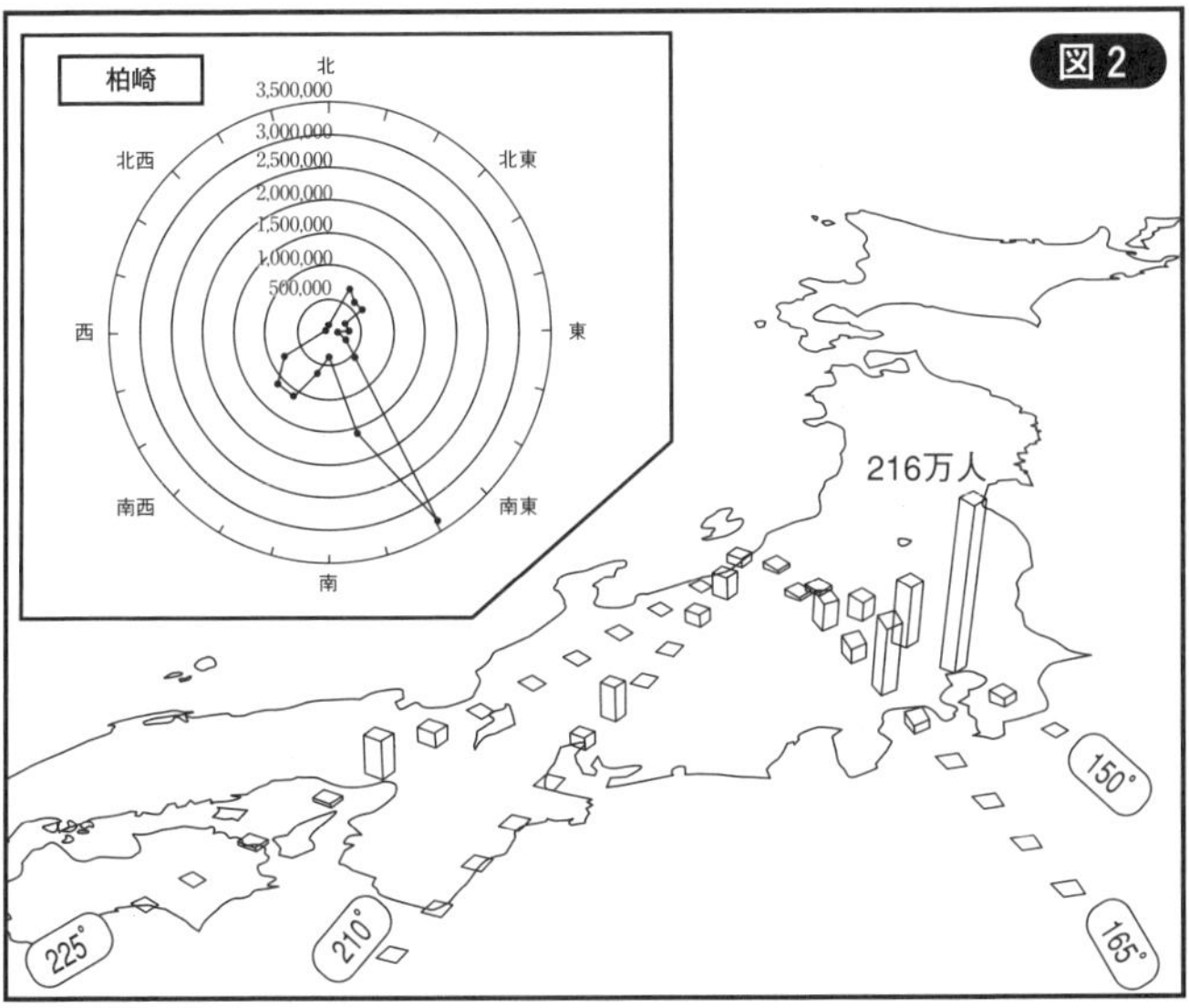
図2
柏崎
北
北東
東
南東
南
南西
西
北西
3,500,000
3,000,000
2,500,000
2,000,000
1,500,000
1,000,000
500,000
216万人
150°
165°
210°
225°

もの犠牲者が出ることがわかる（**図1**）。

「被曝による晩発性のガン死者数」を示す**図2**を見てほしい。原発から南東150度の方向に高いピークが見て取れる。これは首都圏のある方向を示しており、250万人が放射能の影響でガン死する結果となる。ガン死する被曝者の累計は350万人に及ぶだろう。まさに戦慄の結果というほかない。

「長期間の避難を必要とする区域」を示すのが**図3**である。「緩い避難基準」でも新潟、群馬、栃木、富山、長野のほぼ全域が円内に入る。山形、福島、埼玉、山梨、岐阜、石川各県も、面積の半分ほどが避難区域に含まれる。「厳しい避難基準」となると、本州中央部が完全に人の住めないエリアとなる。北は秋田県、西は京都までが長期避難の対象となる。

これは出力110万キロワットの1号機によるシミュレーションだが、6、7号機の出力は135・6万キロワット。これらで事故が起きたなら、被害はさらなる広がりを見せる。

東北を無人にする「女川原発」事故

1978年に地震予知連絡会は、過去の地震の歴史などから、近い将来地震の起こる可能性が高い地域を「特定観測地域」と指定した。その中で何らかの異常が観測された場合は「観測強化地域」に格上げされる。次ページの図は、その地域に存在する原発の場所を重ねたものだ。女川原発も「特定観測地域」に建っている。

原発が大地震に耐えられない設計であることは、女川原発により、すでに証明されていた。

2005年8月16日、マグニチュード7・2の地震が宮城県牡鹿半島沖を震源に発生した。激震は震源から約100キロ離れた女川原発を襲い、1号機から3号機まで全原子炉が緊急停止した。運転停止直後、テレビニュースの画面は原発からもくもくと立ちのぼる白煙を映し出した。すわ、大惨事か！――テレビを見ていた誰もが戦慄した瞬間だった。

白煙は原子炉の緊急停止時に動き出したディーゼル発電機から出ていた排気煙だった。通

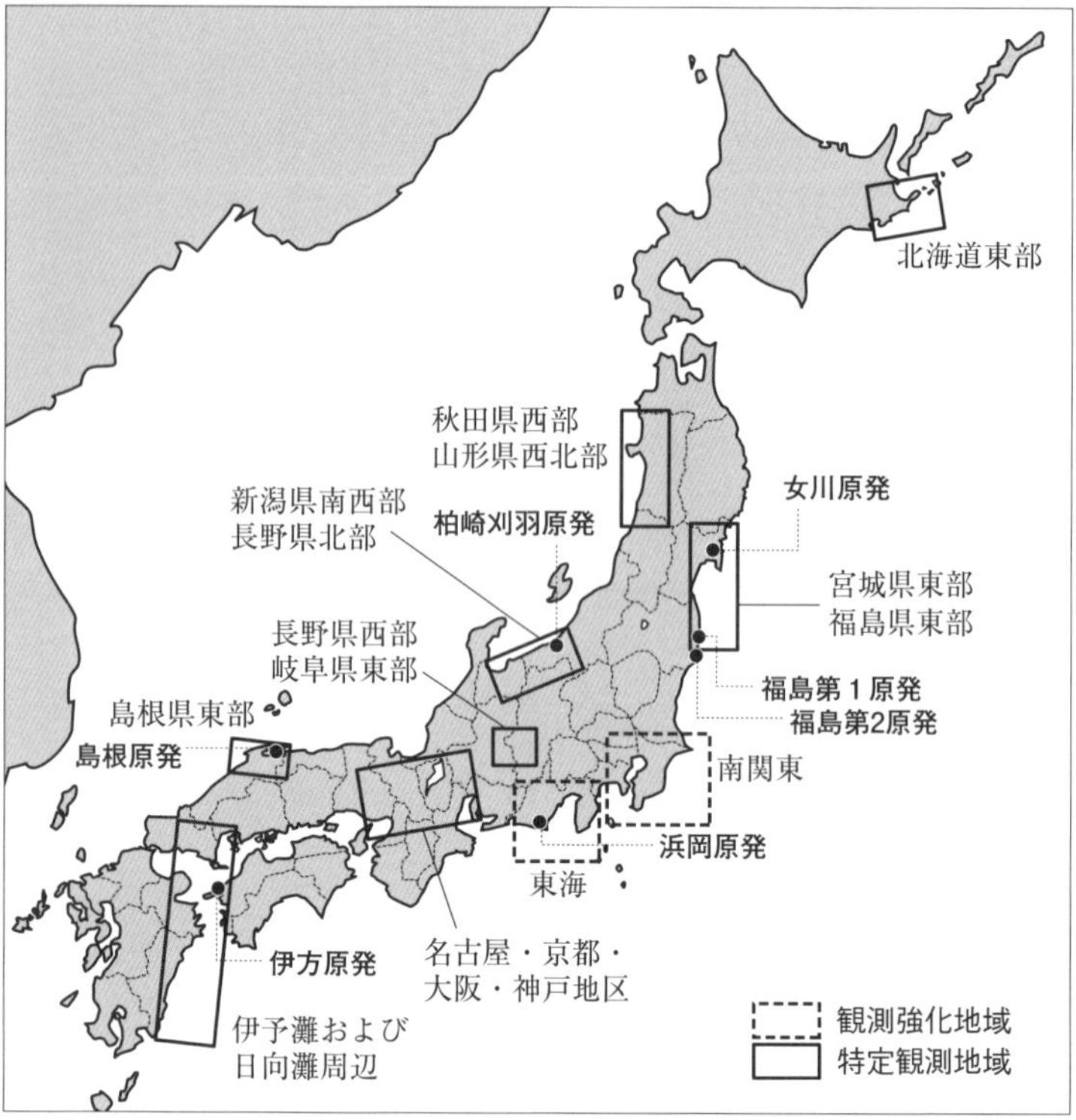

常これほどの煙を上げることは考えられないので、発電機でなんらかの異常が起きていることは明らかだった。この時も、耐震設計上想定していた3分の1の強さの揺れだったのに、設備の震動限界値を超えてしまっていた。

もしも2005年の地震による事故で、女川原発が暴走していたらどうなっていたか。女川1号機を例に、事故シミュレーションを見てみよう。

女川原発は東北電力が最も初期に手がけた原発で、夏季

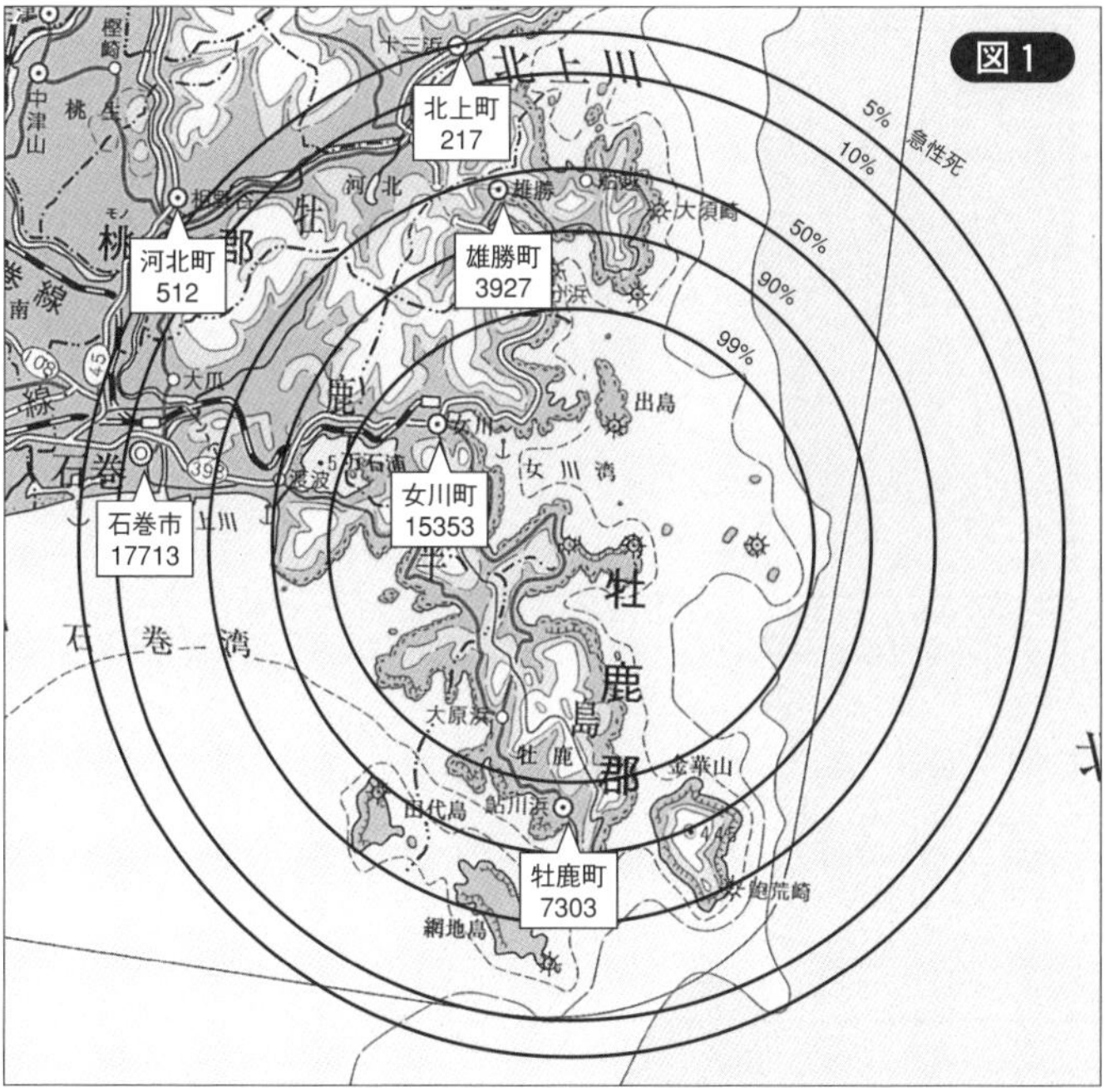

には関東へ電力の供給もしている。一号機の出力は52・4万キロワットと小規模だが、大都市・仙台から60キロ足らずの距離に建設されている。88年7月9日、やはり制御棒脱落事故を起こし、やはり隠蔽をしていた。原子炉起動準備中の事故だったという。

さて、**図1**の「急性死者数」を見てみよう。近隣では女川町が急性死99％圏内、牡鹿町90％圏内、石巻市も10％圏内に入る。この三都市だけでも死者は7万人近くにのぼるだろう。100万都市仙台は急性死圏内には入らないが、ガン死者となると

図2

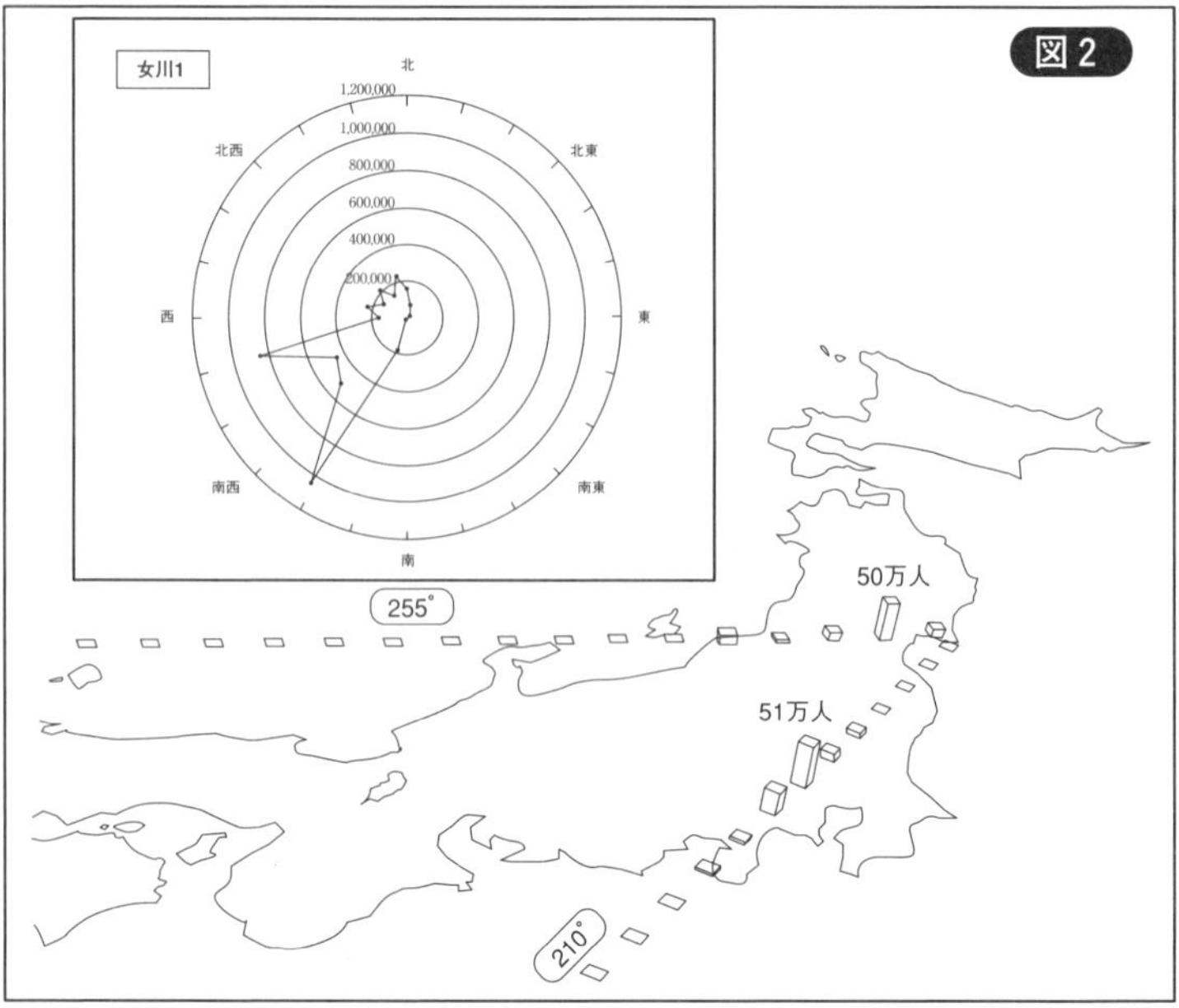
女川1
北
1,200,000
1,000,000
800,000
600,000
400,000
200,000
北西
北東
西
東
南西
南東
南
255°
50万人
51万人
210°

図3

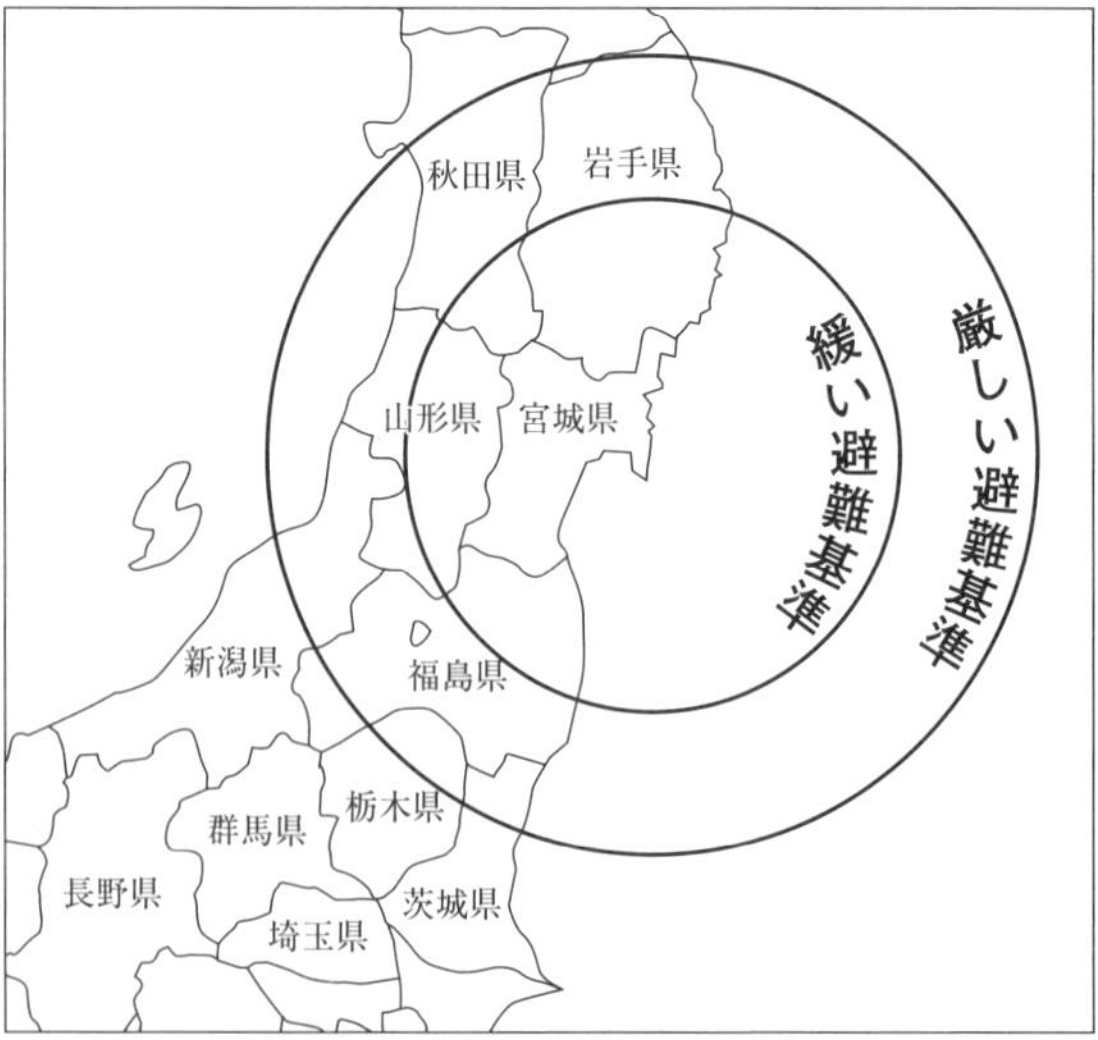
秋田県
岩手県
山形県
宮城県
緩い避難基準
厳しい避難基準
新潟県
福島県
群馬県
栃木県
長野県
茨城県
埼玉県

最大の被害を出す。

図2の「被曝によるガン死者分布」を見ればわかるように、風が西225度に向かえば仙台市民に50万人のガン死者を発生させることになり、南西210度に向かえば首都圏でそれに匹敵する51万人の被害が出ている。

図3は「長期避難を必要とするエリア」だが、出力規模が小さいだけに範囲も柏崎刈羽原発に比べれば小さい。しかし、「緩い避難基準」には仙台市、山形市、福島市という3県の県庁所在地が入っている。「厳しい避難基準」をとれば盛岡、秋田、郡山といった東北最大級の都市でも退避が必要となる。

活断層密集地域に原発も密集

日本列島で起きる巨大地震は、地球表面にあるプレートの沈みこみや衝突によって生じた力が原因となる。その発生メカニズムは大きく三つに分けることができる。海側のプレートに引きずり込まれた陸側プレートが跳ね返って起きる「海溝型地震」、沈みこむ海側プレートの内部で起きる「プレート内地震」、そして中越沖地震のような「内陸型地震」である。

「内陸型地震」はプレートの浅いところで起き、活断層が問題になる。活断層とは地震の古

本州中部・近畿地域の活断層図

傷のようなものであり、発生源でもある。最近数十万年の間に繰り返し地震を起こし、現在もその能力を持っている断層を指す。地震は、その大小にかかわらず、いつも同じ場所で繰り返し起きるものなのだ。だから活断層を探し出し、調査することが地震防災では重要になる。

　内陸型地震は最大でもマグニチュード7級で、東海大地震のようなマグニチュード8級の「海溝型地震」ほどエネルギーは大きくない。しかし、人が住む陸地の近くで起きるため、マグニチュード5程度の中規模地震であっても死者を伴うことがある。局地的な大被害を与えることが多い地震ということができる。

日本には大小合わせて200近い活断層があり、それが密集している地域が本州中部、近畿北部である。右図のように、活断層がせめぎあい、折り重なってまるで活断層の巣のようだ。いまだ詳細な調査の進んでいない海底活断層の存在、ここ1000年以上地震の発生記録がない日本最大の活断層「中央構造線」の存在を考え合わせると、この地域がいかに危険地帯かがわかるだろう。

この活断層密集地帯は、原発密集地域である。「原発銀座」とはよくいったもので、福井県若狭湾沿岸には、稼動再開準備中の高速増殖炉「もんじゅ」も含めて、15機もの原発がひしめいている。原発の設置許可の条件に、「活断層が存在しないこと」がある。それなのに、なぜここにこれほどの数の原発がこの地域に建っているのかといえば、「断層隠し」や「断層刻み」「断層殺し」が行なわれているからである。

活断層の真上に6機の原発が

「断層隠し」とは、文字通り確認されている活断層を「見落とし」たり、疑わしい断層を

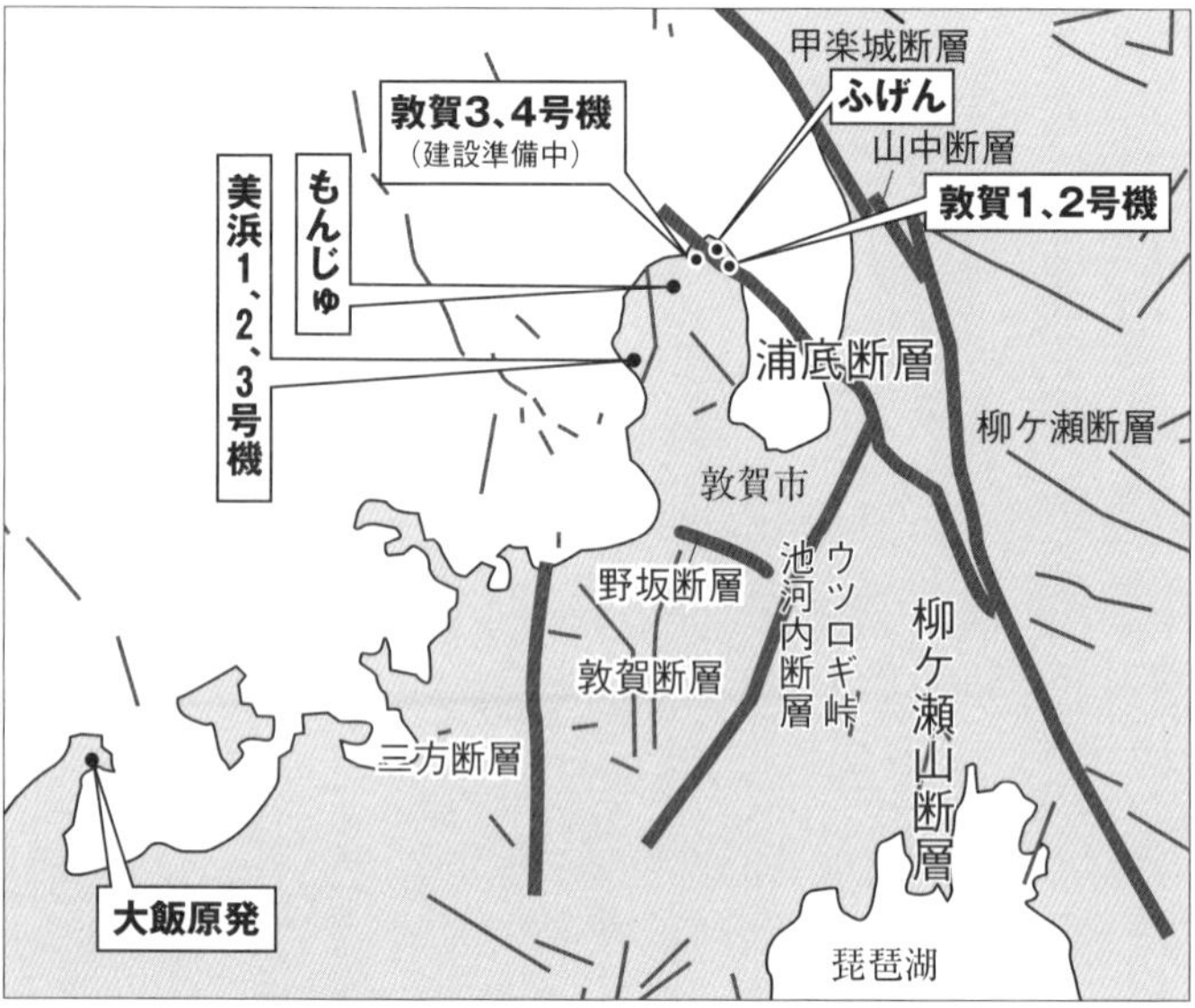

敦賀半島付近の活断層と原発の位置

評価しないこと。「断層刻み」とは、一つの長い断層を二つ以上に分断して、その影響を過小評価することで、能登半島地震のとき志賀原発の設置許可にこの「断層刻み」があったことがわかっている。そして「断層殺し」とは、活断層を「活断層ではない」としてしまうことだ。柏崎刈羽原発の設置許可取り消し訴訟で、「断層でさえない」と断言して訴えを退けた東京高裁の判決主文に見られるような事例のことである。

若狭湾の敦賀半島には、敦賀原発（1、2号機）、美浜原発（1〜3号機）が存在する。さらにもう1機、ナトリウム漏れ事故を起こして運転停止処分を受けていた高速増殖炉「もんじゅ」も11年ぶりの稼動再開に向け、一部運転を開始している。これら6機の原発の真下には「浦底断層」という活断層が走っており、山中峠付近で全長100キロに及ぶ「柳ヶ瀬・関ヶ原断層帯」に合流する。

2004年に文部科学省の地震調査研究推進本部は、「浦底―柳ヶ瀬山断層帯」で「マグニチュード7・2程度の地震が発生すると推定され、その際には2メートル程度の左横ずれが生じる可能性がある」と発表している。また、もしも両断層帯が連動して動けば、マグニチュード8・2という海溝型地震並みの超巨大エネルギーが、原発直下で発生するという。浦底断層は敦賀1、2号機の炉心から300メートルしか離れていない場所を通っている。マグニチュード7・2〜8・2規模の巨大地震が直下の活断層で起きた場合、原発で破局的な事故が発生することを想定しなければならない。

ところが日本原子力発電（以下、日本原電）は、1、2号機の老朽化を理由に、出力153・8万キロワットと世界最大級の原子炉2機の追加建設を申請、現在、地質調査を行っているところだ。調査は2007年春に終わる予定だったが、能登半島地震、新潟県中越沖地震の連続発生を受けて、期間延長に追い込まれた。「終了時期は未定」である。

「ひずみ集中帯」に位置する若狭湾

新潟中越沖地震の発生でもう一つ注目しなければならないのは、この地震が「新潟―神戸ひずみ集中帯」と関係があることだ。これは新潟県から兵庫県神戸市にかけて、幅50～200キロの範囲で地殻のひずみが集まる地帯を指し、阪神・淡路大震災、中越地震もここで起きている。

阪神・淡路大震災を機に、日本は地震の活動期に入ったと見る地震学者もいる。ある地点で起こった地震が、次の地震を誘発しているというのだ。今回の中越沖地震は、3年前の中越地震と発生の仕組みがよく似ており、関連する地震である可能性が高い。中越沖地震の直後には、京都府沖を震源とする地震が起きた。京都ではまったく揺れず、遠く離れた北海道浦幌町で震度4の揺れを観測している。これは震源が地下370キロと深かったために、揺れが太平洋プレートに沿って遠く北海道の十勝付近まで伝わる「異常震域地震」であった。

福井県南部もこの「ひずみ集中帯」に位置する。原発の立地する敦賀半島、大飯町、高浜町がすっぽりこの範囲の中央に入ってしまう（右図）。活断層による内陸型地震を考えた場合、福井県は現在最も危険な原発震災の候補地ということになる。

東京・名古屋・大阪＝三都壊滅の「敦賀原発」事故

福井で起きる原発震災事故のシミュレーションを示そう。まず、敦賀２号機を取り上げるが、周辺のどの原発で破局的な事故が起きても、ほとんど同様の大惨事を招くことになろう。

敦賀２号機の発電出力は１１６万キロワット、加圧水型原子炉（ＰＷＲ）である。出力も大きく、人口６万８０００人の敦賀市が地元であることが気にかかる。また北東24キロに武生市（人口７万人）、同30キロには鯖江市（人口６万５０００人）という人口密集地もある。南西にも人口１万５０００人の美浜町が位置している。

「被曝による急性死者数」を示す**図1**を見ると、まず敦賀市が急性死99％円内に入り、住民はほとんど全滅することになる。武生市は急性死90％、鯖江市でも50％エリアに入ってしまう。それだけで15万人以上の犠牲者を数える。途方もない数字だ。

図1
福井市 10450
松岡町 101
越廼村 518
清水町 1891
美山町 155
織田町 4353
越前町 7317
朝日町 5133
鯖江市 32649
宮崎村 3617
武生市 61628
今立町 7451
池田町 730
南条町 5561
今庄町 5760
徳山村 10
敦賀市 63822
坂内村 32
藤橋村 6
余呉町 2049
美浜町 13194
三方町 7192
木之元町 1521
小浜市 1895
マキノ町 1469
高月町 755
上中町 707
西浅井町 1768
湖北町 349
浅井町 171
びわ町 158
姫虎町 105
今津町 642
新旭町 124

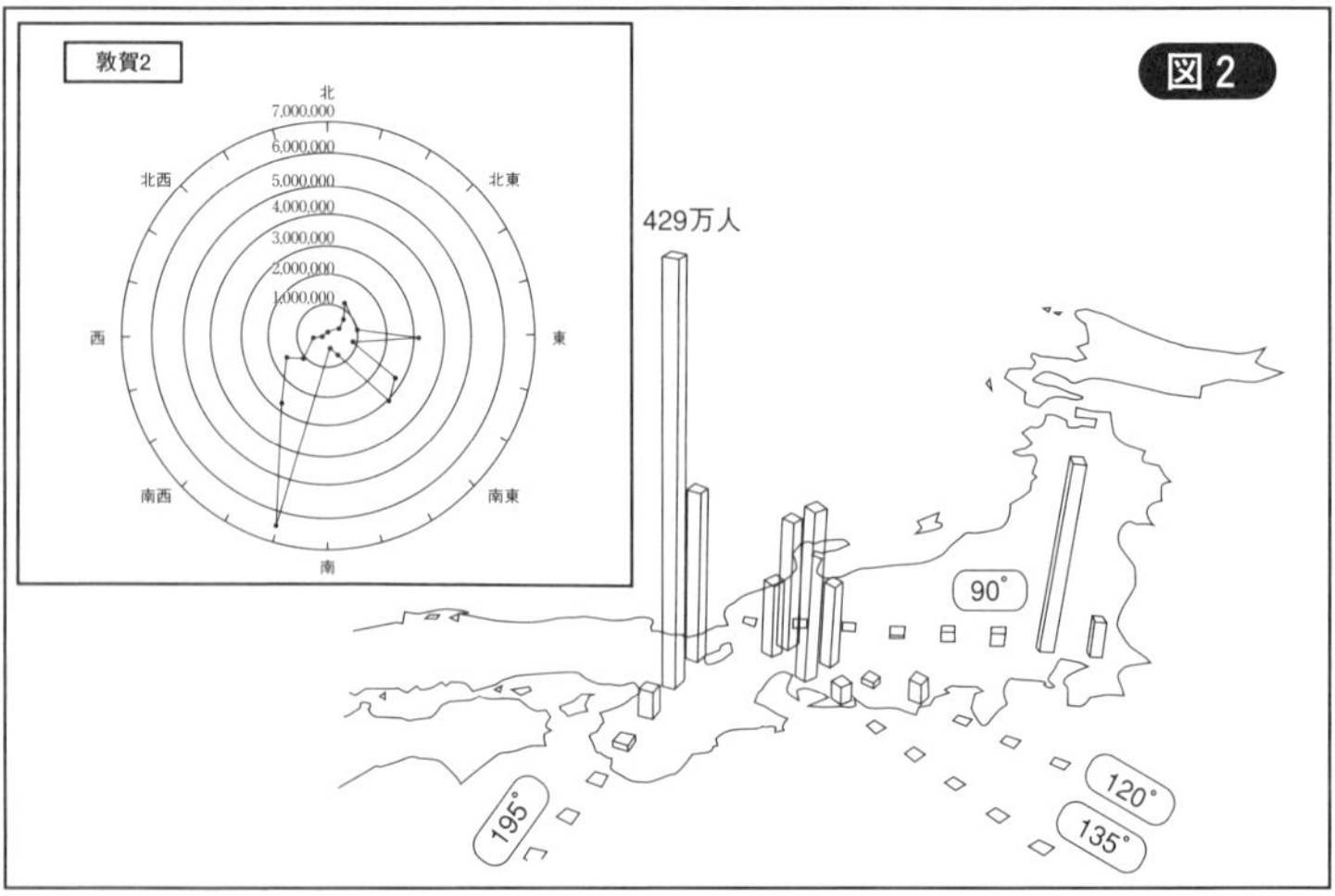
図2
敦賀2
北
7,000,000
6,000,000
5,000,000
4,000,000
3,000,000
2,000,000
1,000,000
北西
北東
西
東
南西
南東
南
429万人
90°
120°
135°
195°

図3

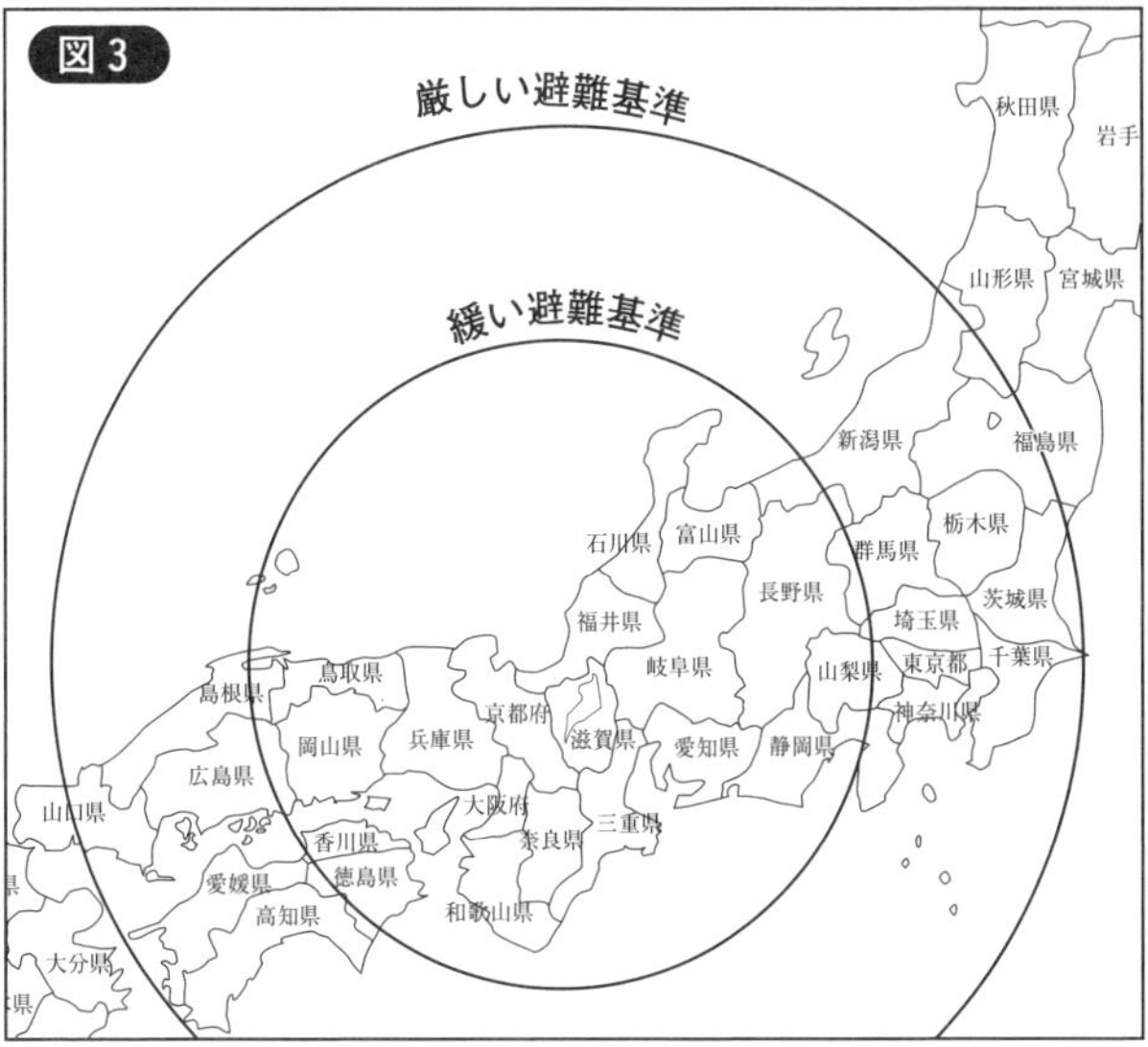

図２「被曝による晩発性ガン死者」を表す数字には、戦慄を覚える。レーダーチャートに示されている、特にガン死者数の多い四つの方角を見ると、敦賀原発の東90度に放射能が広がった場合、東京を直撃する。死者数は累計３００万人を超す。東南１２０度方向には岐阜市、静岡市といった県庁所在地の都市があり、１３５度で名古屋、豊橋、浜松を直撃することになる。どちらも、やはり３００万人規模のガン死者が発生する。

それらを上回るのが南に風が向かった場合である。１９５度方向には京都、大阪といった大都市があり、距離も１５０キロ以内と近いからだ。被曝によるガン死者の数は６５６万人。最大のピークは大阪で発生する４２９

万人のガン死者を示している。

「長期避難を必要とする区域」を示す図3では、日本の中央部がすべて退避区域に指定されることを物語る。「緩い避難基準」の円内でも、東は静岡県、長野県から西は岡山県、香川県、徳島県までが範囲に含まれる。「厳しい避難基準」ならば、新潟県・福島県の東北地方南部から、関東・北陸・東海・近畿・中国・四国全域までが退避を要することになる。近畿・中京・首都圏の三都が人の住めない地域になったとき、2000万人もの住民はいったいどこへ避難するというのか。これでは、もはや日本という国が滅びるに等しい事態といえよう。

「もんじゅ」事故がもたらす恐怖の事態

「もんじゅ」は電力会社ではなく、日本原子力研究開発機構（旧動力炉・核燃料開発事業団。「動燃」といったほうが通りがいいだろう）が保有する原型炉である。原型炉とは実際の規模の数分の1の出力の原子炉で、いわば試験運転のための発電プラントである。動燃はもう一つ「ふげん」という名の原子炉を持っていたが、すでに閉鎖され開発が放棄されている。

「もんじゅ」ではどんな実験・試験をしていたのだろうか。それは原子力開発の根幹に関わるプルトニウムの転換試験だった。

原発の燃料になる「燃えるウラン」(ウラン235)は、有限な希少資源である。このまま原子力発電を続けると、50年程度で枯渇すると予想されている。原子炉を動かし続けるには、代わりとなる核燃料が必要になる。それがプルトニウムであり、それを生成する目的で運転を開始したのが「もんじゅ」という高速増殖炉であった。

原子炉でウランを燃やすと核分裂の生成物である「死の灰」ができる。これはその名の通り生物にとって致命的に有害な物質で、大量の放射能を長い年月にわたって発し続ける。その「死の灰」の中に数%の割合で「プルトニウム」という元素ができる。このプルトニウムは原子炉で燃える元素なのだ。原子力開発者はそこに目をつけ、原子炉でウランを燃やしながらプルトニウムを大量生成できないかと考えた。

「もんじゅ」が担う役割は「転換」といい、天然に産出する「燃えないウラン」(ウラン237)に中性子をぶつけ、「燃える」プルトニウムを作り出そうというもの。運転で燃やした燃料よりも多くの燃料が得られるという、まるで魔法のような構想で、これを「核燃料サイクル」という。「もんじゅ」が高速増殖炉と名づけられているのは、「高速」で中性子を

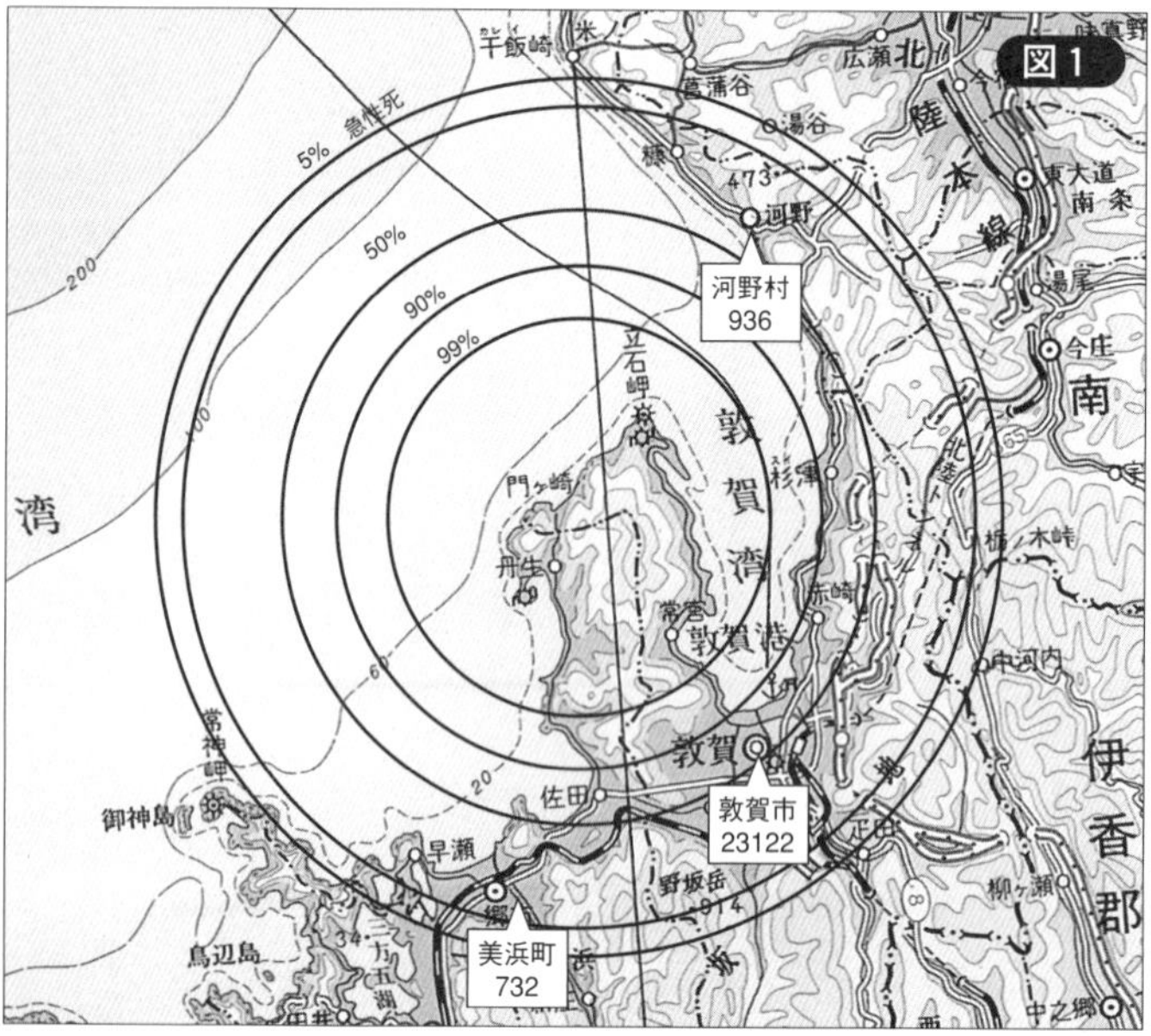

ぶつけ、燃料を「増殖」するという意味からだ。通常の原子炉とは違った目的をもつ原子炉である。

「もんじゅ」の事故を考える場合にも、やはりこの点を考慮することが重要になる。原型炉なので発電出力は28万キロワットと小さく、現在主流の100万キロワット級原発の約4分の1。しかし問題は原子炉内のプルトニウム蓄積量がはるかに多いことにある。瀬尾健氏は「もんじゅ」の事故評価にあたって、加圧水型の原発事故を下敷きに、プルトニウムの放出される割合を0・4%から10%に引き上げて計算を行っている。また「もんじゅ」の発電効率が従来の加圧水型原発

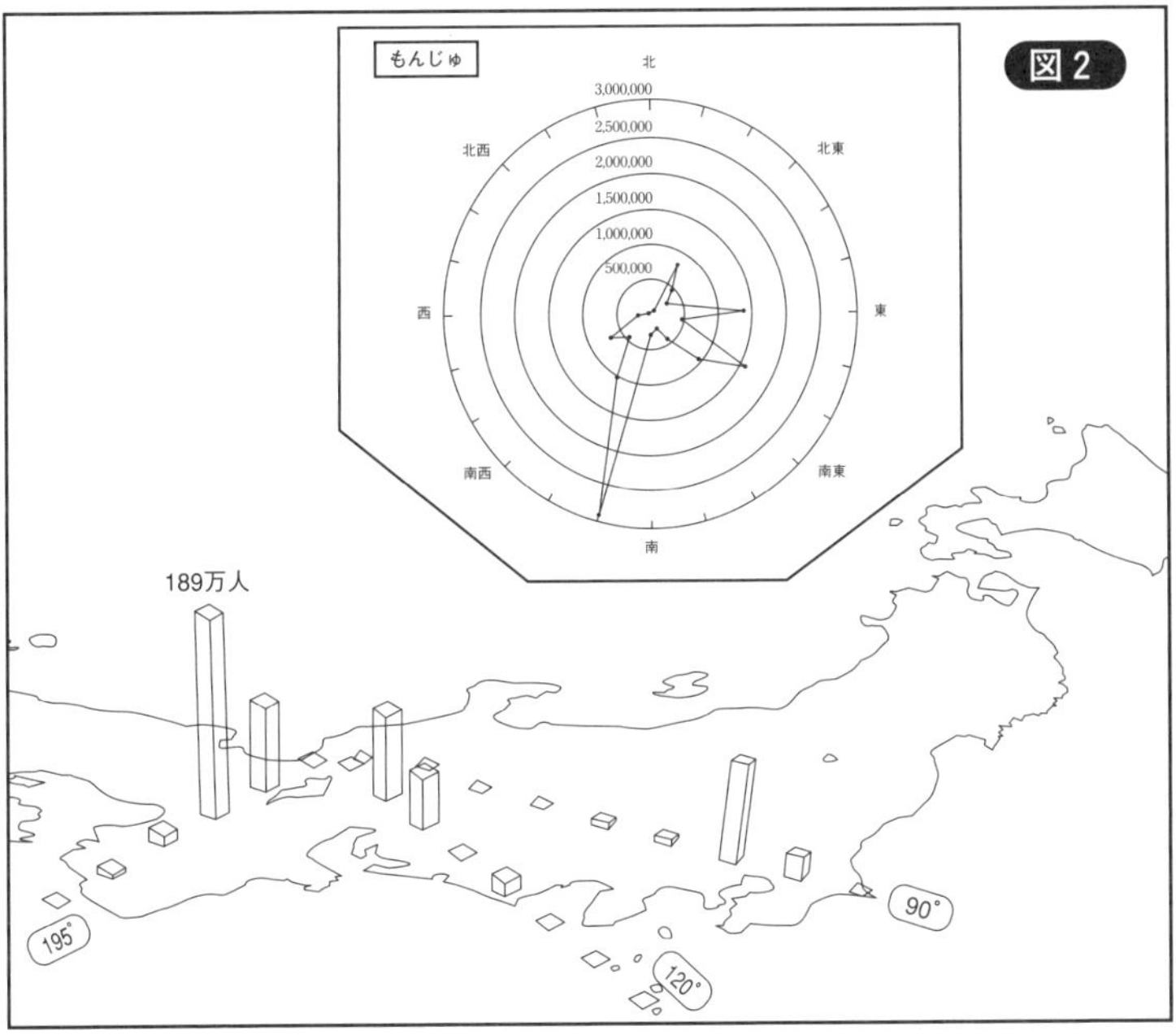

よりも高いことを考慮して、出力規模を低めに再設定（24・5万キロワット）するなど、緻密な計算を採用している。

　では「もんじゅ」が破局的事故を起こしたらどうなるのか、**図1**を見てみよう。「急性死者数」の範囲はこれまで見てきた原発よりもかなり小さいことがわかる。しかし円の面積が必ずしも出力規模と比例しないのは、プルトニウムの放出される量が25倍もあるからだ。南に位置する人口6万8000人の敦賀市は急性死50％圏内に入り、2万3000人以上が被曝による急性障害で死亡する。

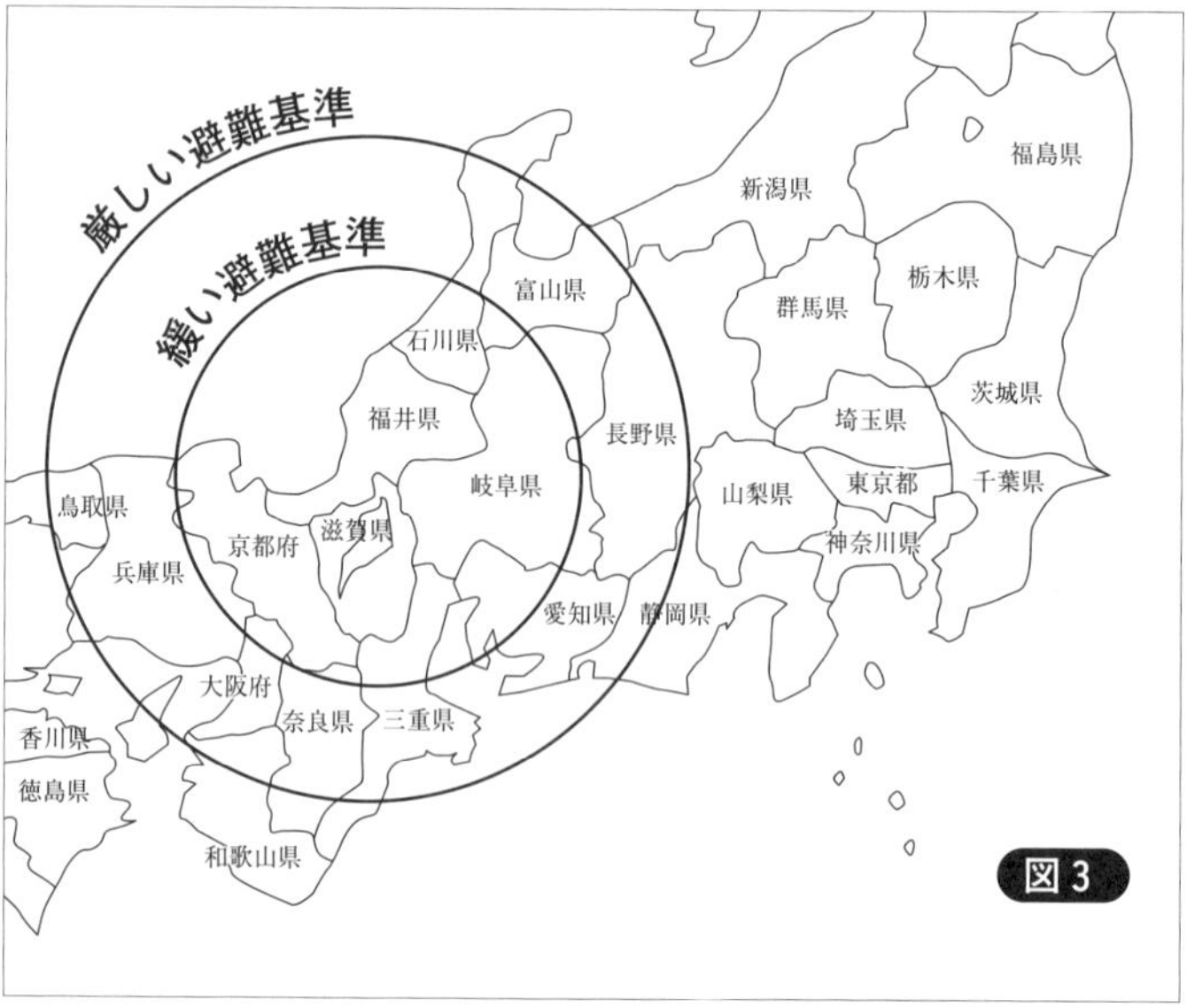

図3

また、被害は美浜町にも及び７００人もの犠牲が想定される。

「被曝の被害によるガン死者分布」を表す**図2**は、南西１９５度の大阪方面に風向きが向かった場合、最大の被害者数３００万人をもたらすことを示している。また、南東１２０度方面で１５０万人、東90度の東京方面で１２５万人規模の甚大な被害が出ることは見ての通りだ。

図3「長期避難を必要とするエリア」でも、やはり先に見た敦賀2号機に比べて範囲が狭いことが見て取れる。それでも近畿圏はほぼ完全に覆われてしまうし、２２０万人都市・名古屋も、当然退避範囲に含まれる。

「地球最強の毒物」プルトニウムが大地を汚染

「もんじゅ」の被害規模は、およそ敦賀2号機（116万キロワット）の7分の3である。出力比通りなら被害規模も約4分の1に減少するはずだが、プルトニウムの影響が強いため死者の出る割合が高くなっているのだ。プルトニウムは100万分の1グラムを吸入するだけで肺ガンにかかり死に至る、「地球最強の猛毒物質」といわれる。

プルトニウムの毒性の強さは、半減期の「短さ」にある。半減期とは、物質が崩壊して量が半分になるのにかかる時間のことで、プルトニウムはウランよりもずっと半減期が短いのだ。ウラン235の半減期が7億年であるのに対して、プルトニウムは2万4000年。ウランとプルトニウムの毒性はほぼ等しいのだが、プルトニウムは崩壊するスピードがウランに比べて猛烈に速く、短時間に放射能を強烈に放つ。年間摂取限度量を比較してみると、燃えるウラン235が2ミリグラム、燃えないウラン237が14ミリグラムであるのに対し、プルトニウムの場合、0・00052ミリグラムと定められている。

半減期が短いといっても、プルトニウムは何万年もの年月大地を汚染し続ける。4万8000年経ってやっと放出する放射線の量が4分の1、1000分の1になるまでには24万年かかる。こんな物質が地域に大量にばらまかれることを考えると、実際にはこのシミュレーションをはるかに超える影響を社会にもたらすと考えられる。

また原型炉であるために、被害規模は相対的に小さい計算結果となっているが、最終目標である１００万キロワット級の高速増殖炉が完成し、破局的事故を起こしたら、通常の原子炉の２倍以上の被害をもたらす。

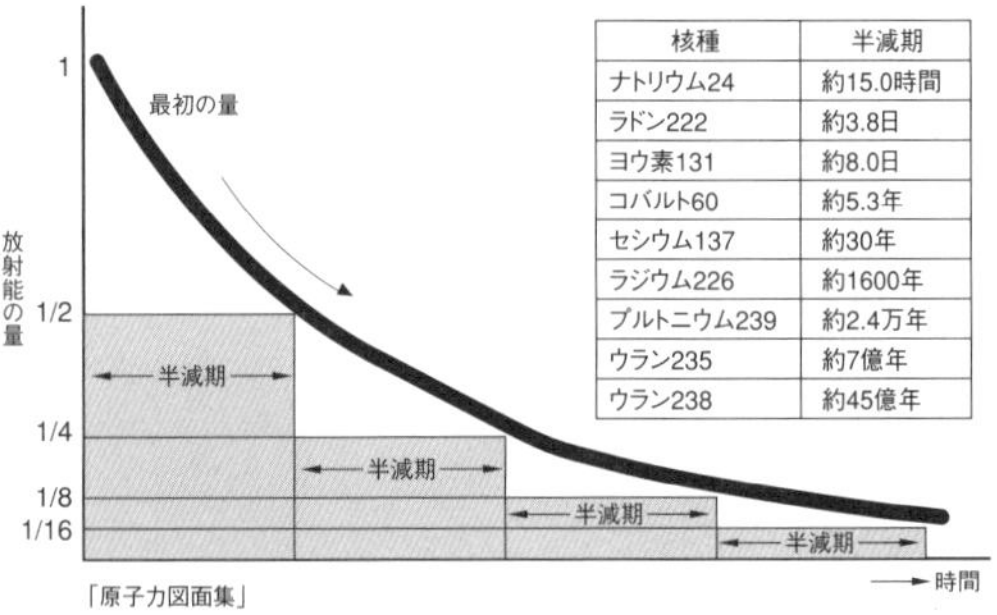

核種	半減期
ナトリウム24	約15.0時間
ラドン222	約3.8日
ヨウ素131	約8.0日
コバルト60	約5.3年
セシウム137	約30年
ラジウム226	約1600年
プルトニウム239	約2.4万年
ウラン235	約7億年
ウラン238	約45億年

放射能の半減期（ウラン）

事故が頻発する高速増殖炉の危険性

２００７年７月14日、「もんじゅ」が一部運転を再開した。「もんじゅ」は、１９９５年12月８日に起こした「ナトリウム漏れ火災事故」のために、11年間運転停止をしていたのである。

この事故で目を引くのは「ナトリウム漏れ火災」という耳慣れない言葉だろう。通常の原発は原子炉を冷やすのに冷却水を使う。ところが水は中性子のスピードを鈍くする性質があるので、高速増殖炉では水のかわりに「液体ナトリウム」を使い、高速で中性子をウランに衝突させるのだ。

　ナトリウムは水分と結合すると爆発的に反応し熱と水素を発生する。また高温で酸素と出合うと燃える性質を持つ。そのため「もんじゅ」内部では、ナトリウムのある部屋に窒素を充填する。95年の事故ではそのナトリウムが、原子炉の熱を奪った超高温状態で噴出した。漏洩した箇所は原子炉格納容器からパイプが外に出た部分、ナトリウムは水分を含んだ冷たい日本海の外気と反応し、一瞬にして燃え上がった。

　さらに最悪のシナリオまで、あと一歩というところまで事態は進行する。ナトリウムの大量な漏れ出しにもかかわらず、現場ではその状況を正確に判断できないでいた。コントロール・ルームに警報が鳴り響いたものの、事故現場はモニターするビデオの設置されていない箇所だった。しかたなく当直員が目視での確認に行ったのだが、扉の中には煙が充満し、何が起きているのかまったくわからなかった。当直長らは「自分の判断で原子炉を停止するわけにはいかない」と考え、反応の進行を指をくわえて見ているだけだった。ナトリウムは漏れ続け、原子炉の緊急停止も行なわれないまま、危険な事態が進行していった。

　やがて火災は鎮火することができたが、この事故がどのようにして起き、結局どんな収束を迎えたのか、その後の調査結果が出るまでは誰にもわからなかった。だが、ナトリウム漏れによる火災事故は高速増殖炉固有の危険性として、早くから指摘されてきた問題だった。事故の予見は可能だったのである。

翌年、動燃は事故の再現実験を行った。実験では、酸素と結合した過酸化ナトリウムがコンクリートを保護するための厚さ6ミリの鉄板を溶かし、3カ所の穴を開けた。直径10～30センチの大穴であった。コンクリートには大量の水が含まれており、「もんじゅ」で同じことが起きれば、コンクリートの水と出合ったナトリウムが水素を発生させ大爆発を起こす危険があった。国の安全基準では「保護鉄板に穴は開かない」とされていたが、現実は甘い観測を大きく裏切ったのだ。実験では、実際に水素の発生が認められた。チェルノブイリ事故を連想させる事態が、実際に「もんじゅ」で起きていたのである。

事故直後には「ナトリウム漏れは大事故につながらない」といいきっていた動燃だったが、これらの事実を前にして、「安全」を口にできなくなった。

新聞各紙にも掲載された「安全のためにナトリウムを抜き取り貯蔵するタンクが、高温に耐えられない構造だった」という事実は、まさに決定的だった。貯蔵タンクがナトリウムの熱衝撃により破損し、一度操作すると二度と使用できない構造だったことが判明したのだ。

また、タンクは地中深くに埋められているため構造の変更も容易にはできなかった。

高速増殖炉の歴史は事故の歴史といってもいいほど、技術的困難がつきまとう。アメリカやフランス、イギリス、ドイツでも早くから高速増殖炉の運転に取り組んできたが、炉心溶融、燃料溶融といった重大事故やナトリウム漏れ、配管破断などを頻発し、主要国は全て開発を断念、経済性の悪さも問題になり実用化の道は閉ざされている。いま、地震大国である日本一国のみが「もんじゅ」運転に躍起になることが、どれほどの危険を伴うことか。「もんじゅ」こそ永遠に閉ざさねばならない最悪の原発なのである。

「もんじゅ」という名は仏教の「文殊菩薩」に由来している。普賢菩薩とともに釈迦如来の左右に近侍する智慧を司る菩薩である。原発に「もんじゅ」「ふげん」の名を冠することで、仏教界からたいへんな苦情が寄せられていることをいい添えておこう。

「伊方原発」を揺るがすA級活断層

日本列島の地質は活断層にあふれ、歴史上大きな地震被害が繰り返し起きている。原発を建てても安全な地域など、日本のどこにも存在しないのだ。これから順次そのことを証明していきたい。

愛媛県松山市の西端、突き出た鼻のような佐多岬半島の中ほどにある伊方町。四国電力が有する唯一の原子力発電所3機がここに立地している。

伊方原発の1号機設置許可が下りたのは1972年11月。「鳥も通わぬ岬十三里」の小さな町は降ってわいた原発誘致に翻弄され尽くした。住民は反対派と賛成派に分断されたが、反対住民のエネルギーは凄まじかった。認可後3カ月以内に異議申し立てを行い、原発に反対の立場を取る科学者たちもこの訴訟に全面的に協力を惜しまなかった。

注目すべきなのは、この1号機設置許可取り消し訴訟のときから、すでに地震と原発の問題が大きな争点になっていたことだ。訴訟の準備書面には「原発の近くを走る中央構造線という活断層が地震を起こす」と書かれており、地震の原因となる活断層説がいち早く取り上げられている。

日本最長の活断層帯である中央構造線は活動度が高く、「要注意断層である」（活断層研究会編『日本の活断層図』東京大学出版会）。四国では徳島県の北東部から真西に中央構造線が走り、松山へと伸びていく。

訴訟は松山地裁、高松高裁と住民側の請求を棄却。84年には最高裁へ上告されたが、最高

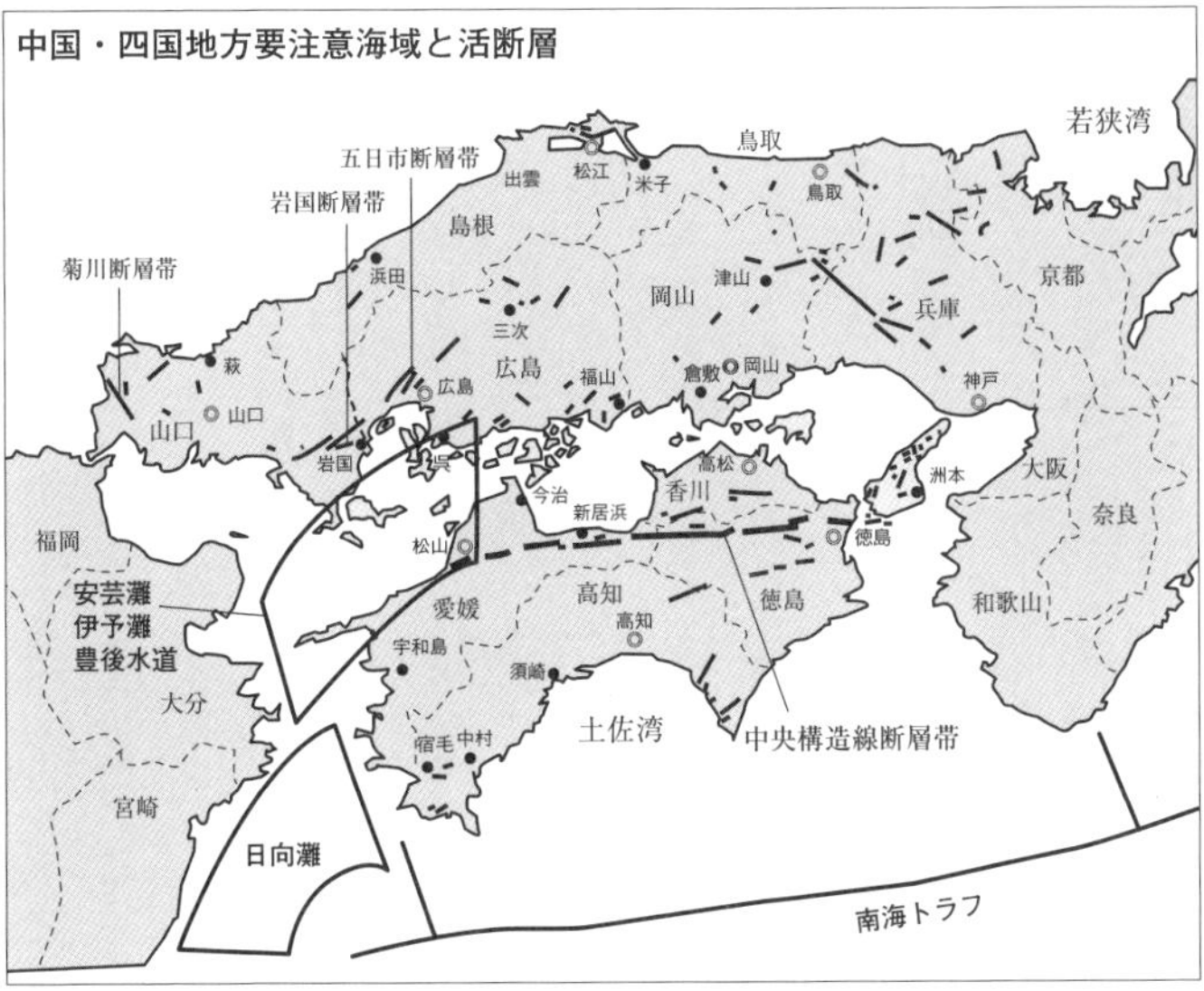

裁は8年間も審理を放置し、92年に結局、一、二審を追認するだけの判決を突然下した。被告側の専門家の「活断層は地震の原因とはいえない」「原発から半径700メートル以内で事故はすべておさまり、周辺住民に被害は及ぼさない」といった荒唐無稽な主張を認めたことは、最高裁の権威を失墜させるのに十分な判決であった。

1996年5月、高知大学理学部の岡村真教授は衝撃的な調査結果を発表する。「佐多岬半島沿いの伊予灘海底にA級活断層が存在し、2000年周期で活動したと見られる地層の変化がある」というもので、伊方沖5〜8キロに最も活動度の高いマグニチュード6・8〜7・2の地震が起こる危険があると訴えていた。

四国電力もこの海底断層を発見し調査していたが、「１万年前から現在まで活動した形跡のない」不活性な断層としていた。ここでも「断層殺し」が行なわれていたのだ。岡村教授の調査論文にあわてた四国電力は、１年後に「検討した結果、敷地前面海域に大地震が起きても伊方原発は耐震設計には余裕がある」との報告書を行政に提出した。このあまりにご都合主義の発表に対して、『愛媛新聞』にはこんな内容のコラムが載った。

「伊方原発の耐震設計余裕はすごい。次々と数値が更新されていく。１、２号機の建設に際して想定された最大の地震動は２００ガルだったが、建設から20年以上経ってあらためてコンピュータで計算してみると、実は４７３ガルの地震にも耐えられるくらい頑丈な建造物だということになった」。そして「将来、伊予灘に超A級の大活断層群を見つけた場合、それによって起きるであろう地震動をも上回る耐震設計余裕を実は伊方原発は備えていたということが、数値上わかるかもしれない。計算方法次第では（＊傍点筆者）」と結び、四国電力の不誠実な態度を揶揄した。

行政も記事のもみ消しに躍起になり、伊賀貞雪県知事（当時）が県議会で「岡村教授は扇情的報道に対して、不本意であると強く抗議している」という趣旨の発言をした。マスコミを悪玉に仕立てようとしたのである。この答弁は県の広報紙にも掲載され県民に配布された。

しかし岡村教授はこの答弁内容を否定し、「早急に耐震指針を見直し、伊方原発も耐震補強すべき」「原発の安全上の問題から、県が海底活断層の詳細な調査が必要」と訴えつづけている。

２０００年12月、伊方２号機の設置許可取り消し訴訟で、松山地裁は「重大事故が起こる可能性が高いとまでは認定できない」として、またも住民側の請求を棄却した。しかし伊方沖の活断層については、「伊方原発の活断層に関する国の安全審査の判断が誤りだったことは否めない」との判断を示している。提訴から22年６カ月を要しての判決だった。

最新原子炉で起きた手抜き事故

四国の安芸灘〜伊予灘〜豊後水道では、今後30年以内にマグニチュード７前後の地震が起きる確率は50％、50年以内に起きる確率は80〜90％という要注意エリアだ（１４９ページ図参照）。また、その南の日向灘ではもっと高い発生確率が予想されている。四国地域は海溝型地震「南海地震」も近い将来の発生が懸念されており、過去の西日本の地震の傾向として、こうした巨大地震が近づいてくると活断層型の地震も起きやすくなることが知られている。

伊方原発では、出力89万キロワットの３号機の事故シミュレーションを取り上げてみよう。

3号機は1995年に運転を開始した比較的新しい原子炉だが、その1年後にあわや大惨事という事故を起こした。

96年1月14日午後10時少し前、夜の町に突然大轟音が鳴り響いた。「爆弾が落ちたような音」「ジェット機が飛ぶような音」「異常な大音響」――周辺住民がこのように表現した轟音は2時間近くも続き、少しずつ音が低くなりやがて止んだ。町から相次いだ問い合わせに対し四国電力は「点検で蒸気を出している音だから心配ない」と説明していたが、実はトラブルだったことが判明。「湿分分離加熱機逃がし弁」が吹き飛んでしまい大量の蒸気が漏れ出した音だったのだ。

3号機は加圧水型原子炉で、事故が起きた場所から直接放射能が漏れることこそなかったものの、これは実に深刻なトラブルだった。

まず第一に原発で作業している人間が「トラブル」と判断するまでに2時間もかかっている。新聞に載った山下博久副所長の話によれば「主蒸気系、原子炉系などへの影響を監視しながら降下作業を続け、収束を見守っていた」という。事故現場には「危険なので近寄れなかった」。つまり運転に携わる者にとっても予想外の部分で事故が発生し、いったい何が起きているのか皆目わからなかったのである。漏れ出す蒸気を大気中に開放して対処する以外、手のうちようがなかった。

次に、これが最新の原子炉で起きたということ。老朽化原発の運転も大問題だが、伊方で真っ先に最新の3号機で事故が起きたのには理由があった。破壊された「弁」に規格外の部品が使用されていたのだ。この「弁」は、発電するためのタービンの羽根にぶつからないよう水蒸気中の水滴を分離する機械に取り付けられているのだが、ここが破壊されたためにタービン系統の蒸気が爆発的に放出された。原子炉メーカーは三菱重工。なぜ間違った部品を使用したかの詳しい説明はないが、コストを下げる目的で代用部品を使ったと見られている。

原発の建設費用はあまりに巨大なため、当然建設決定までには様々な追及や批判がつきまとう。三菱重工はそれを避けるために費用を少しでも安くなるよう見積もったようだ。その結果、最新原発が危険な手抜き原発になったのだ。

近畿地方で224万人のガン死者が出る「伊方原発」事故

もしもこの蒸気系トラブルが最悪の方向に転んでいたら、原子炉の熱が奪えず、高温となった炉心が溶融していたと予想されている。映画『チャイナ・シンドローム』で描かれたのと同じ「メルトダウン」という事故に発展していても不思議ではなかった。

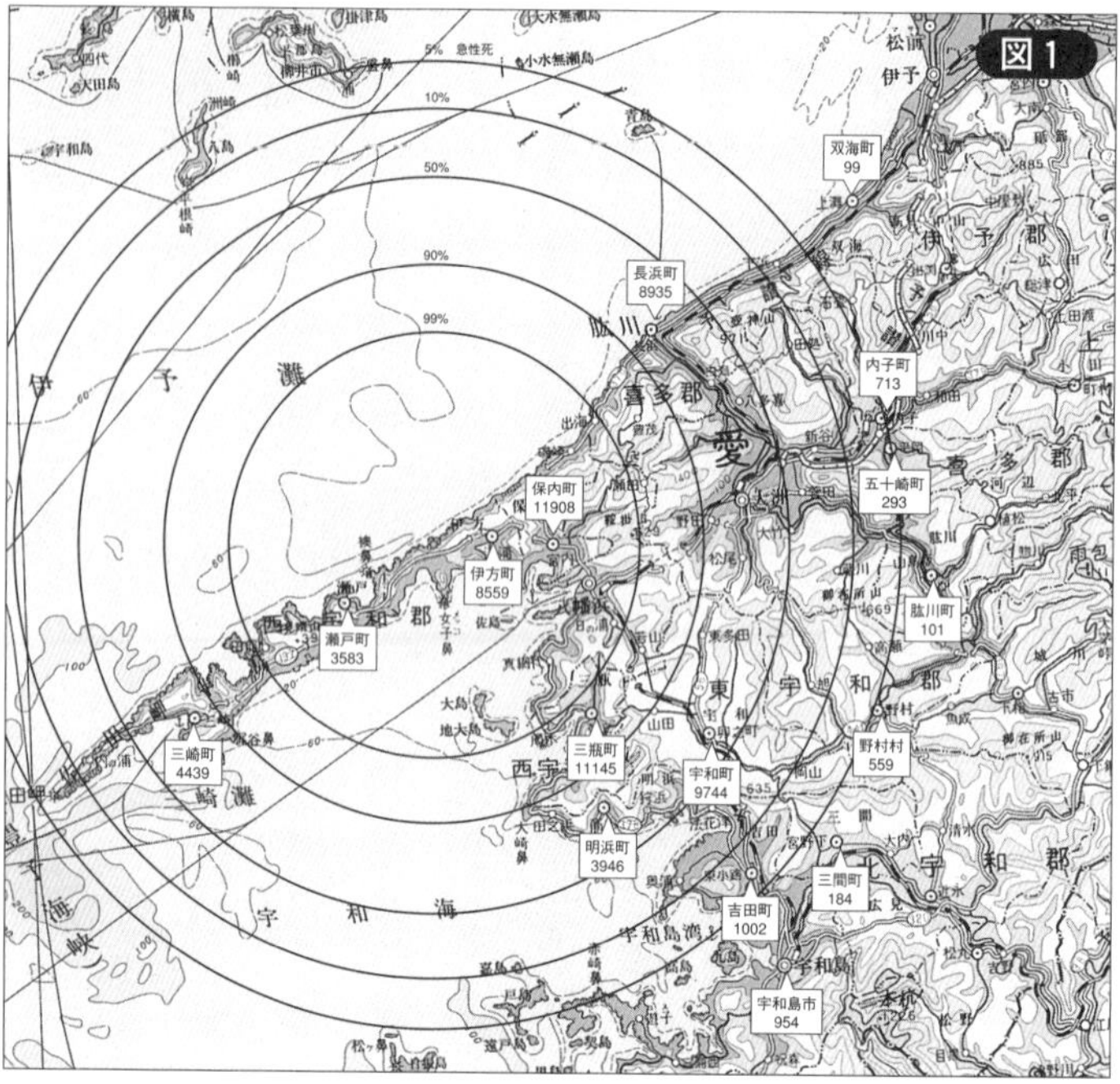

破壊された部分は耐震性でいうとCランクで、大地震に見舞われるとひとたまりもなく壊れてしまう。伊方を大地震が襲い、3つの原発で同時にこうしたCランク設備が破壊されたとしたらどうなっていたか。この事故のように、すんでのところで大事故を回避できたような幸運が果たして何度も続くものだろうか。

では3号機の事故シミュレーションを見てみよう。**図1**「急性死者数」は佐多岬半島全域を覆ってしまう。東に風が向かえば99%エリアの八幡浜市で4万人超の死者が発生する。50%円内の大洲市では2万6000

図2

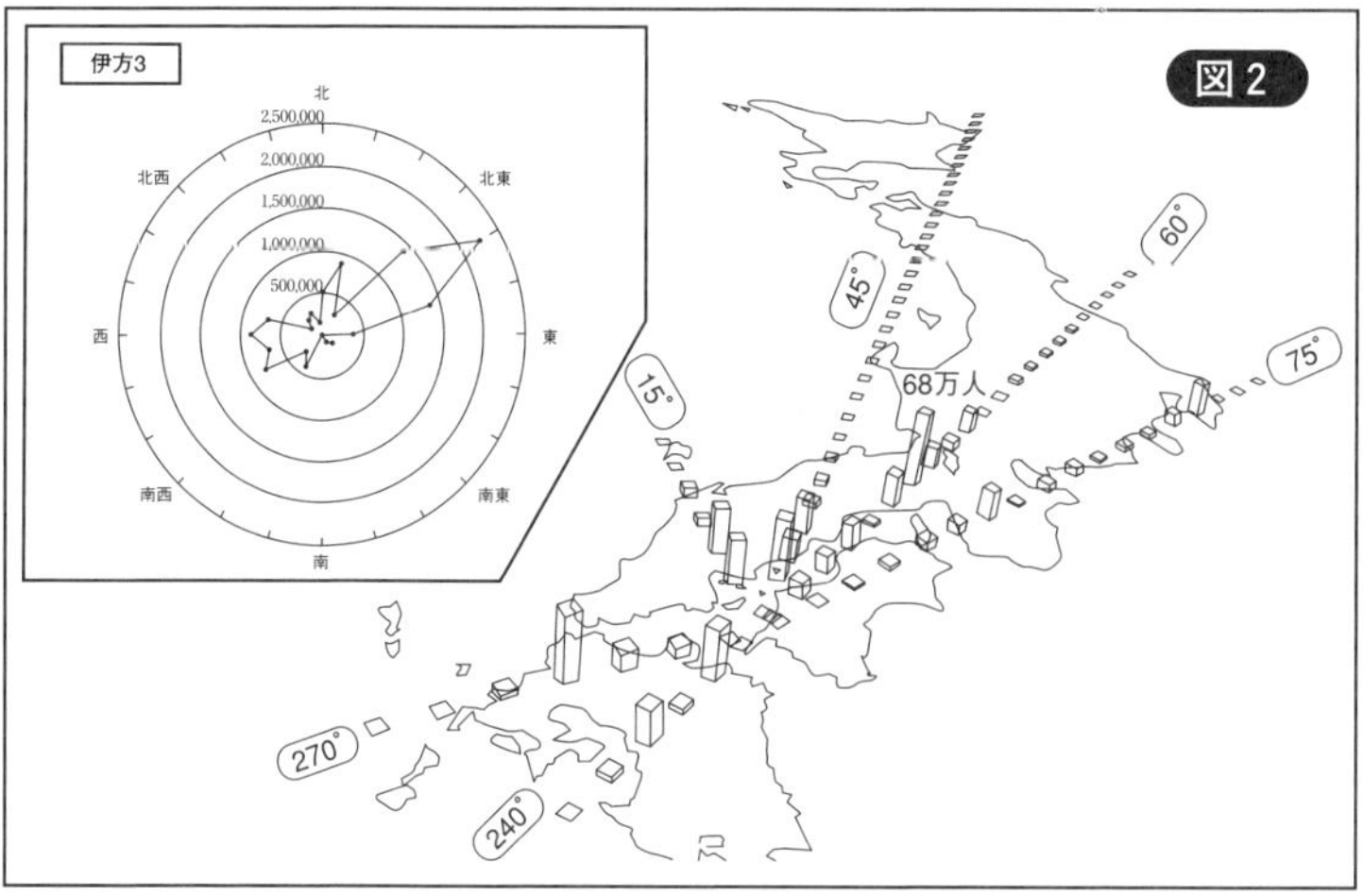
伊方3
北
2,500,000
2,000,000
1,500,000
1,000,000
500,000
北西
北東
西
東
南西
南東
南
68万人
15°
45°
60°
75°
270°
240°

図3

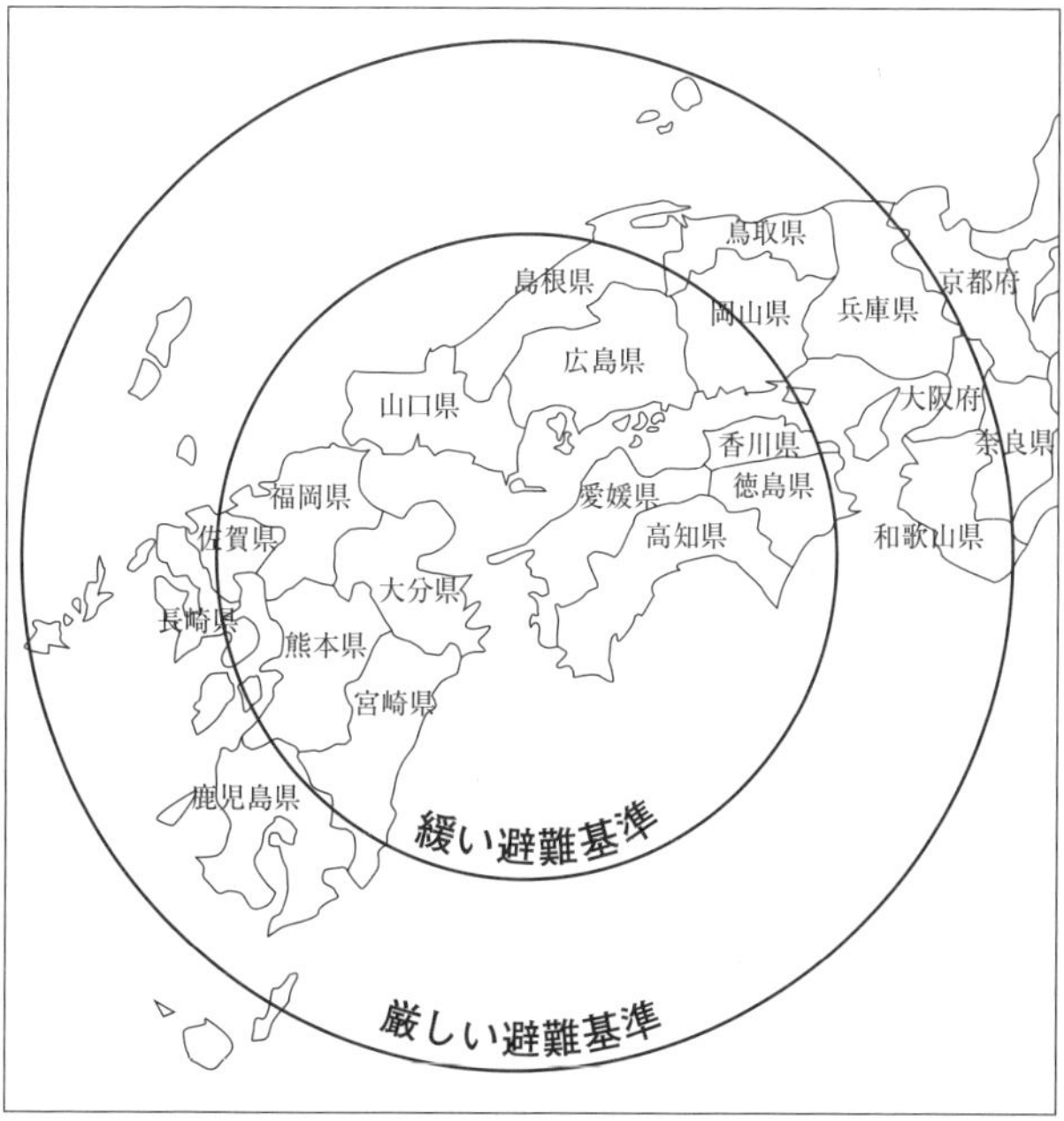
鳥取県
島根県
京都府
岡山県
兵庫県
広島県
山口県
大阪府
香川県
奈良県
福岡県
徳島県
愛媛県
佐賀県
高知県
和歌山県
大分県
長崎県
熊本県
宮崎県
鹿児島県
緩い避難基準
厳しい避難基準

人にのぼる。南方向を見ても、宇和島市で1000人近くが事故発生とともに亡くなってしまうことがわかる。

「被曝によるガン死者分布」を示す**図2**を見てわかるのは、北東60度方向で最大のガン死者が発生するということである。近畿地域の住民が被害の中心で、京都の68万人を筆頭に224万人に被曝被害をもたらすだろう。瀬戸内海は死の海となる。

そして「長期の避難を必要とするエリア」を示す**図3**によれば、「緩い避難基準」でも四国・九州のほぼ全域からの避難が必要となり、山口県・広島県・島根県には退避の勧告が出される。「厳しい避難基準」ならば、鳥取・兵庫・大阪・和歌山までその対象となる。

「島根原発」と長大な宍道断層

中国電力が操業する島根原発には1、2号機の二つが存在する。およそ信じられないことに、この原発は人口15万人の都市・松江市の西北約10キロの場所に建てられている。「僻地の論理」などここでは問題にさえならない。

当然のことだが、この島根原発への住民の風当たりは強い。1999年には運転差し止め訴訟が起こされ、現在も係争中だ。裁判は「宍道《しんじ》断層」をめぐり争われてきた。中国電力は原発近くに活断層が存在することこそ認めているものの、それらが短く不連続であるとして、2号機の運転に踏み切った。しかし95年の阪神大震災により、再びこの断層が顧みられることになったのである。

島根大学の山内靖喜教授は、95年に行なった調査で「宍道断層はそのすべてが活断層の可能性がある」と警告を発している。3号機建設をもくろんだ中国電力も、独自に再調査を開始、その結果「活断層が存在する」と認めた。問題はその活断層の「長さ」である。

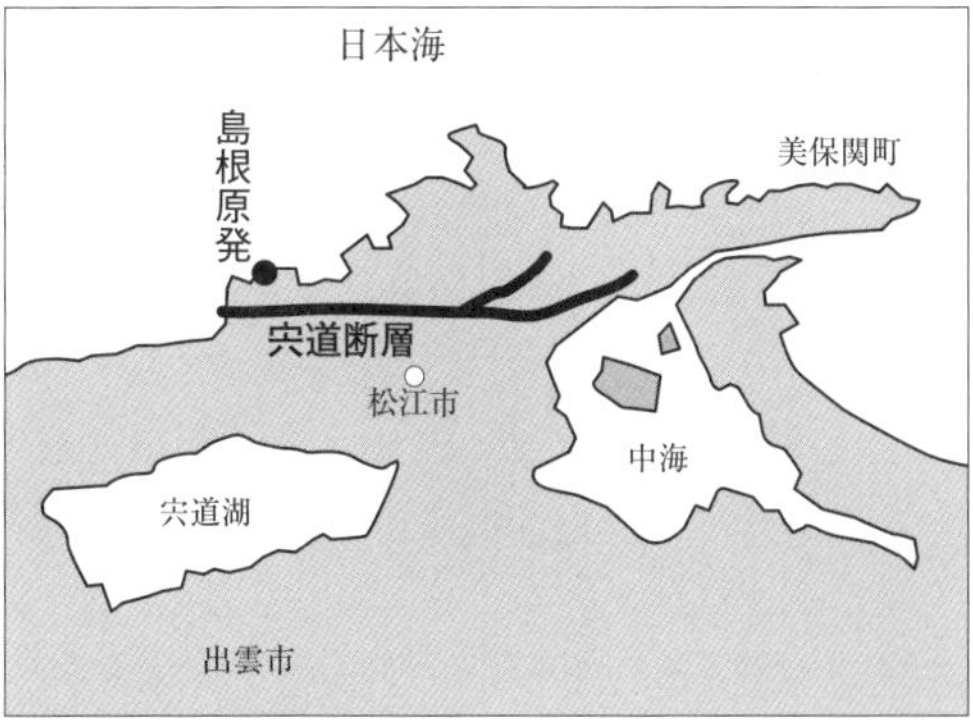

宍道断層と島根原発

　電力会社の「長さ8キロで、耐震設計範囲内のマグニチュード6・3の地震が最大」という主張に対し、住民は広島工科大学の中田高教授による最新の調査を掲げ、原発運転の全面停止を求めた。

　中田教授の調査結果によれば活断層は、少なく見積もっても長さ18キロとなり、想定される地震の大きさは最小でもマグニチュード7・0となる。これに対して中国電力は「断層の長さがたとえ20キロでも原発は安全」と主張を変えた。だが原発の耐震設計に問題があるのは明らかだ。老朽プラントの1、2号機、運転を待つ3号機はともに直下の活断層震災の危機に耐えられる設計でないことは明白なのである。

2000年10月6日に鳥取県と島根県の県境付近を震源に起きた「鳥取県西部地震」では、まったく想定していない約20キロの断層が動き、マグニチュード7・3という巨大なエネルギーを放出した。揺れは地下100メートルの岩盤に設置した地震計でも最大574ガルを計測し、松江城の石垣が約3メートルにわたって倒壊した。島根原発が想定している最大の揺れは、原子炉圧力容器、格納容器などの最重要施設で、最新の3号機でも456ガル。1号機などは300ガルに過ぎない。

スケープゴートにされる松江15万市民

また、地震による津波の被害も無視できない。浜岡原発のところでもふれたが、津波による土砂堆積や引き波によって原子炉冷却用の海水が取水できなくなる怖れがあるからだ。原子力安全・保安院によれば、想定される最大の引き波は、浜岡原発と女川原発が8～8・4メートルと最大、島根原発や北海道の泊原発では5・6～5・7メートルの引き波が予想されている。

ところが島根原発1、2号機では、取水口が引き波水位より3メートル近くも高い位置にある（表）。予備の海水を貯めておく貯水槽もないため、最長で10分間も取水不可能になるという。原子炉が冷却できなくなると、最悪の場合、炉心溶融事故につながることがある。

原発の取水口の位置と津波の引き波水位

＊貯水槽のない原発

	取水量（トン）	取水可能水位（m）	引き波水位（m）
泊1・2号機	2.1	4.17	5.7
福島第一1号機	0.9	2.35	3.5
2号機	1.1	2.35	3.6
3号機	1.1	2.92	3.6
4号機	1.1	2.84	3.6
5号機	1.1	2.92	3.6
6号機	1.0	2.92	3.6
福島第二１号機	2.9	2.68	3.0
３号機	2.4	2.69	3.0
島根１号機	1.0	2.37	5.6
２号機	2.3	3.52	5.6

＊貯水槽のある原発

	取水量（トン）	取水可能水位（m）	引き波水位（m）
女川１号機	1.1	4.0	8.0
浜岡１号機	1.0	6.0	8.4
２号機	1.8	6.0	8.4
３・４号機	2.9	6.0	8.4

※水位は、基準水面より

島根原発の事故シミュレーションでは、加圧水型の2号機を取り上げる。出力82万キロワットと1号機46万キロワットのほぼ倍だ。

「急性死エリア」を示す**図1**を見ると、原発から10キロ程度しか離れていない松江市の住民15万人は、ほぼ全滅してしまう。中国電力は、なぜこのような立地選定をしたのか。瀬尾健氏は

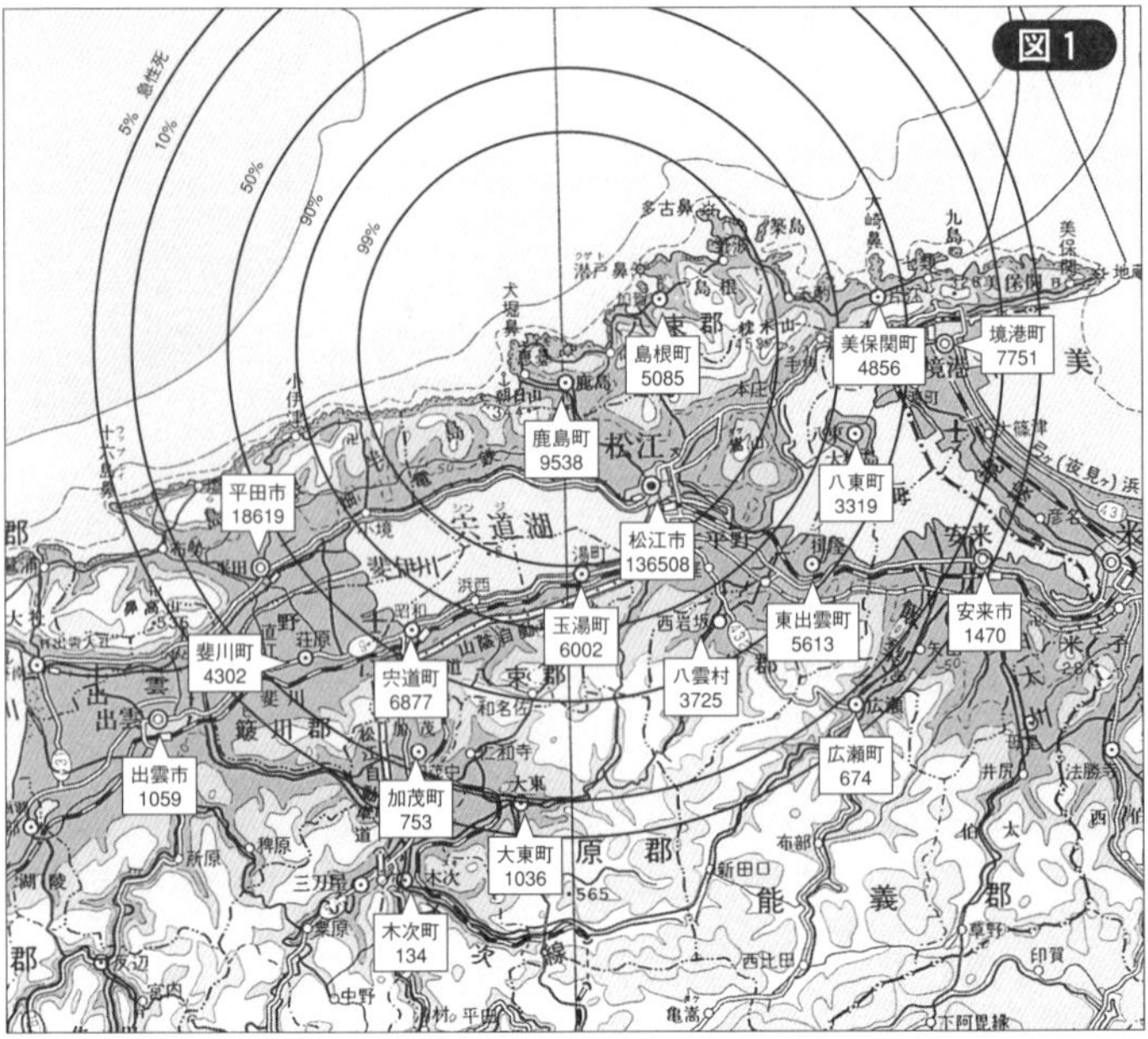

こう書いている。「中国電力の最大のお得意様は、南の瀬戸内沿岸に集中しているのであって、そういう意味では『僻地の論理』はやはり貫徹されているのである。ただこの場所以上に適当な『僻地』がないだけなのだろう」。

つまり、岡山県、広島県の顧客に影響が少なくてすむよう、島根県がスケープゴートにされたということだ。

「被曝の影響によるガン死者数」を示す**図2**からわかるように、風向きが近畿・名古屋方面へ向いた場合、ガン死者数は120万人のピークに達する。ここには首都圏の被害者まで含まれている。

「長期避難を要する区域」図3では、

図2

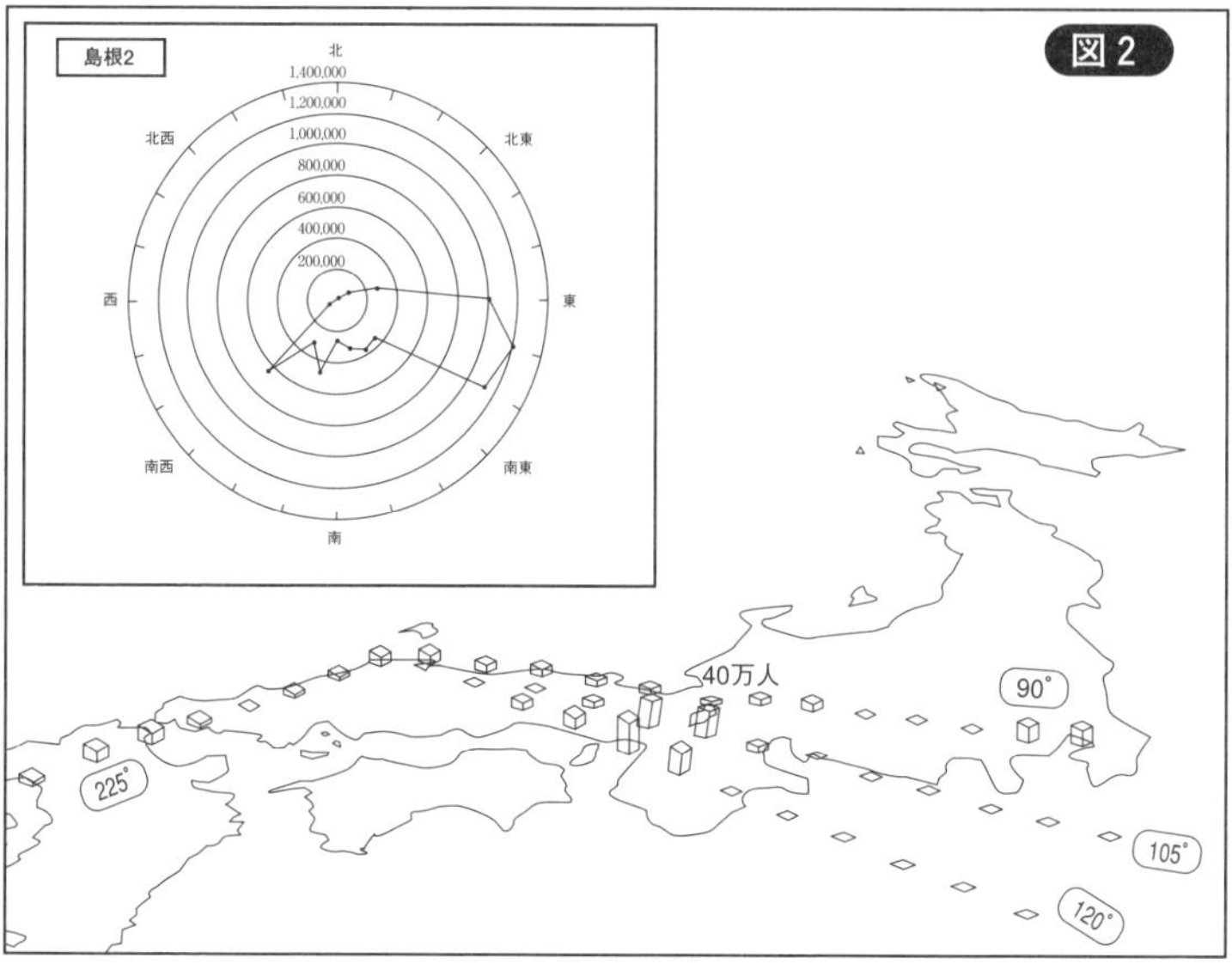
島根2
北
1,400,000
1,200,000
1,000,000
800,000
600,000
400,000
200,000
北西
北東
西
東
南西
南東
南
40万人
90°
225°
105°
120°

図3

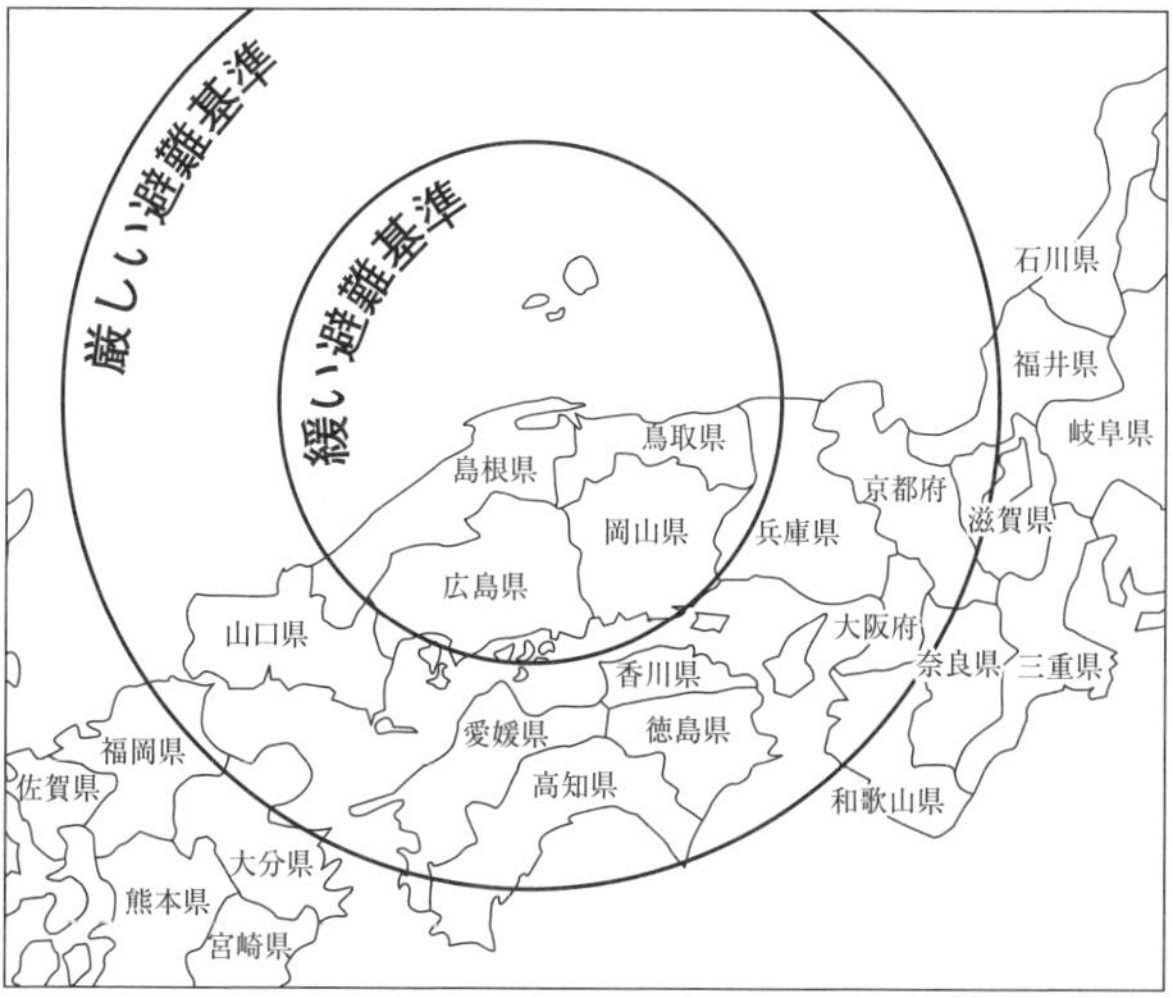
厳しい避難基準
緩い避難基準
石川県
福井県
岐阜県
鳥取県
島根県
京都府
滋賀県
岡山県
兵庫県
広島県
山口県
大阪府
奈良県
三重県
香川県
愛媛県
徳島県
福岡県
佐賀県
高知県
和歌山県
大分県
熊本県
宮崎県

「緩い避難基準」でも広島、岡山が含まれ、電力会社の思惑などは水泡に帰してしまう。「厳しい避難基準」となれば、中国・四国全域、近畿のほとんどからの退避が必要。福岡県第二の大都市・北九州市も危険である。

「玄海原発」事故で424万人がガン死

九州電力には原発基地が2カ所あり、佐賀県の玄海原発4機と鹿児島県の川内原発2機が運転中である。ここではその中でも最大出力の玄海3号機を取り上げて、事故被害を想定してみよう。近隣に顕著な活断層帯が発見されているわけではないが、2005年に近海で起きた「福岡県西方沖地震」はいまだ記憶に新しい地震であろう。玄界灘北西沖の浅部で発生した、マグニチュード7の大地震だった。

玄界灘に突き出した東松浦半島の先端に位置する玄海原発には4機の原子炉があり、1、2号機が55・9キロワット出力、3、4号機がともに118万キロワットの出力である。半島の東の付け根には人口8万人が暮らす唐津市がある。**図1**によれば、その唐津市が急性死99％圏内に含まれてしまう。また南直下の伊万里市では3万1000人、南西に位置する肥前町の1万1000人、松浦市の2万人という数字が目を引く。

勝本町 367
芦辺町 2313
郷ノ浦町 5627
石田町 3429
志摩町 2925
福岡市 1428
呼子町 7446
前原町 8027
二丈町 6000
鎮西町 8615
玄海町 7753
唐津市 78775
浜玉町 9994
七山村 2033
三瀬村 47
大島村 1391
肥前町 11422
鷹島町 3722
田平市 3311
生月町 340
福島町 3864
北波多町 5309
多久市 2733
小城町 394
平戸市 8124
厳木町 2680
伊万里市 31090
江迎町 1452
大町町 238
江北町 154
三日月町 137
吉井町 1217
鹿町町 333
世知原町 1519
有田町 1036
北方町 425
牛津町 124
佐々町 833
小佐々町 127
西有田町 1477
山内町 813
武雄市 1444
白石町 153
佐世保市 9417
波佐見町 381
壱岐水道
佐賀
5%
10%
50%
99%
図1

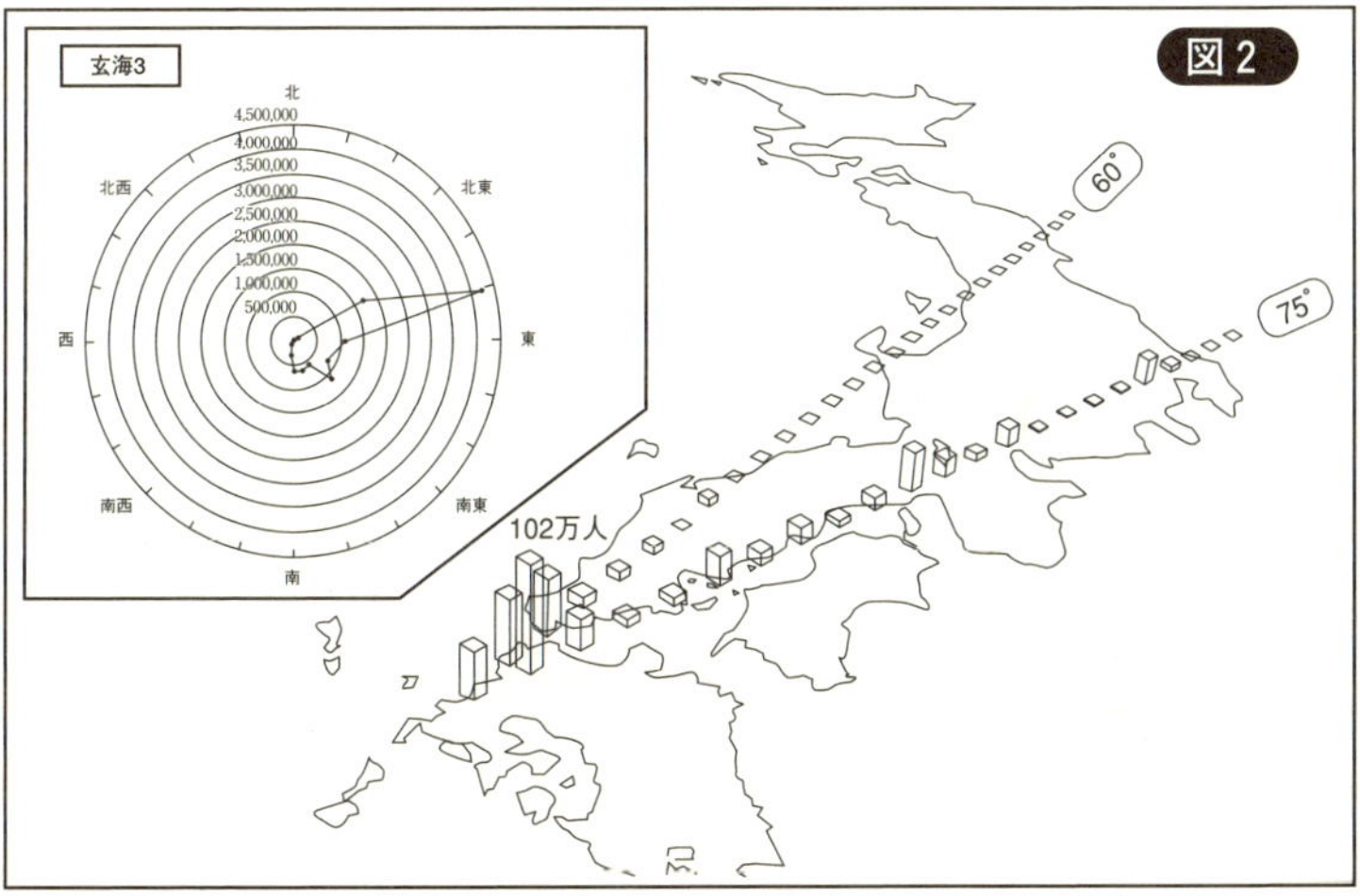
玄海3
北
4,500,000
4,000,000
3,500,000
3,000,000
2,500,000
2,000,000
1,500,000
1,000,000
500,000
北西
北東
西
東
南西
南東
南
60°
75°
102万人
図2

図2の「被曝の影響によるガン死者分布」を見ると、最大の被害者をもたらすのは東方面60度と75度に風が吹いた場合、すなわち九州最大の人口圏である福岡市・北九州市方向に放射能が流れていくケースだ。60度では累計132万人のガン死者が出る。また75度方向では、東はるか延長線上の首都圏にまで影響は及び、死者数の累計は424万人と計算されている。

図3「長期避難を必要とするエリア」からわかるように、事故が起きれば九州全域が汚染される。「厳しい避難基準」を取れば、中国・四国のほぼ全域から住民は退避しなければならない。

プルトニウムを装荷される玄海原発

玄海原発が今、注目されているのは、九州電力がこの原子炉でプルサーマルを行なおうとしている点だ。プルサーマルとは、原子炉をプルトニウムとウランの混合物（ＭＯＸ燃料）を燃料に運転することで、プルトニウムの「プル」と熱中性子原子炉の「熱＝サーマル」を組み合わせた造語である。これが実現されると玄海3号機には常時2トンものプルトニウムが持ち込まれることになる。

プルサーマルが実行されようとしている理由を簡単に説明すると、原子力政策の行き詰まりにより、追い込まれた末の苦肉の策ということになるだろうか。原子炉でウランを燃やすことによって生まれるプルトニウムは天然には存在しない元素で、核分裂によって生じる「死の灰」の中でも最も毒性が高い。致死量は１００万分の１グラムで、人類が遭遇した最強の毒物とさえいわれている。しかし、このプルトニウムは原子炉で「燃やす」ことができる。世界にごく少量しか存在しない「燃えるウラン」にかわって使用することができれば、燃料不足を解消できると目論まれたわけである。

しかし、事態はうまく運ばなかった。プルトニウムを生成するための原子炉「もんじゅ」

の事故がきっかけになり、日本のプルトニウム大量生成路線は頓挫してしまった。プルサーマルは、その行き詰まりを解消する手段として用いられようとしているのである。ウランを燃やすための原子炉でプルトニウムを燃やせれば、ウラン資源の節約になり、使い道のないプルトニウムも減らすことができる――。

このような理由から、玄海3号炉では2010年にプルサーマルが行なわれようとしている。しかし安全上最大の問題は、プルトニウム入りのMOX燃料で原子炉を運転した経験がほとんどないということだろう。過去日本で燃やされたことのあるMOX燃料は、2005年時点でたったの6体。原子炉の運転が始まってからこれまでに約4000体の燃料集合体が使用されているとして、その割合は0・15%にしかならない。

また、MOX燃料はウランとプルトニウムが均等に混ざらないため、これを通常の原子炉で燃やすと燃えむらが出ることがわかっている。燃料棒の破損事故が懸念されるため、国と電力会社はMOX燃料を使用する場合には、3分の1以下にすると取り決めた。プルサーマルは危険だと認めているのと同じことだ。

プルサーマルを行なうとしている原発は、玄海原発のほかに、四国電力の伊方原発、中部電力の浜岡原発がある。

「泊原発」と新たなる危機

北海道積丹半島の付け根に位置する泊村に、北海道電力の運転する泊原発がある。１号機、2号機はともに加圧水型原子炉（ＰＷＲ）。出力は各57万９０００キロワットである。現在、2年後の２００９年12月運転開始を目指して約１００万キロワットの3号機の建設に入っている。

北海道の場合、活断層のほとんどは中央部に分布し、その長さも比較的短いものが多い。むしろ目立つのは太平洋側で起きる大規模な「プレート内地震」である。泊原発のある積丹半島付近では、あまり目立った地震活動は起きていない。

人口の少ない地域なので、「急性障害による死者数」も図１で見られるように数字としては少なくなる。だが、観光地として名高い小樽市はほんの眼と鼻の先である。**図2**の「被曝の影響によるガン死者分布」を見ると、ピークが東と南に存在しているのがわかる。東には札幌という北海道最大の都市があり、１１７万人の被害者をもたらすことになる。注意すべきは南のピークだろう。はるか彼方に位置する東京で約10万人のガン死者が発生するというのだ。

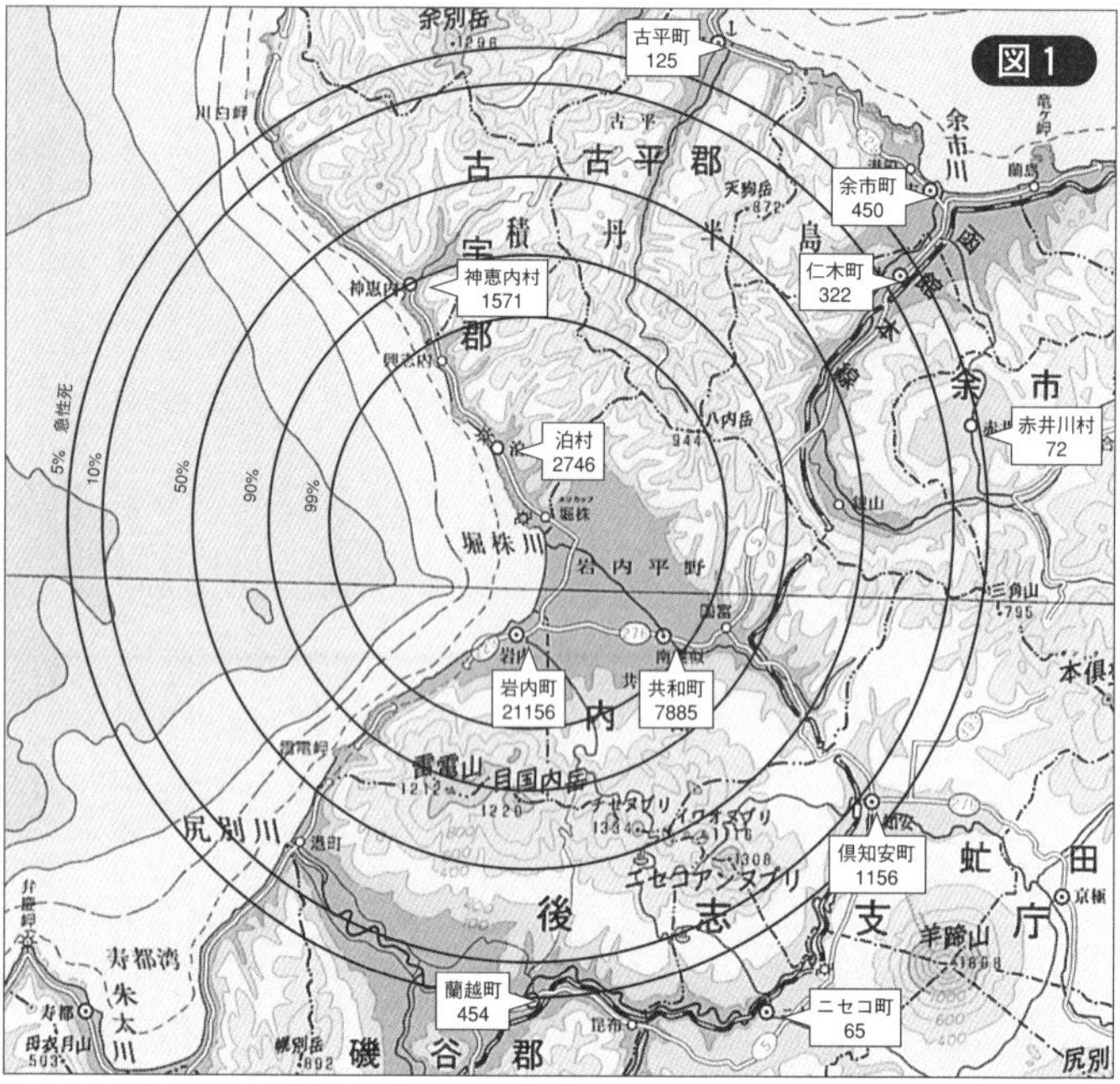
図1
古平町
125
余市町
450
仁木町
322
神恵内村
1571
赤井川村
72
泊村
2746
岩内町
21156
共和町
7885
倶知安町
1156
蘭越町
454
ニセコ町
65
5%
急性死
10%
50%
90%
99%
古平郡
積丹半島
岩内平野
堀株川
余市
後志支庁
磯谷郡
羊蹄山
尻別川
寿都湾
朱太川

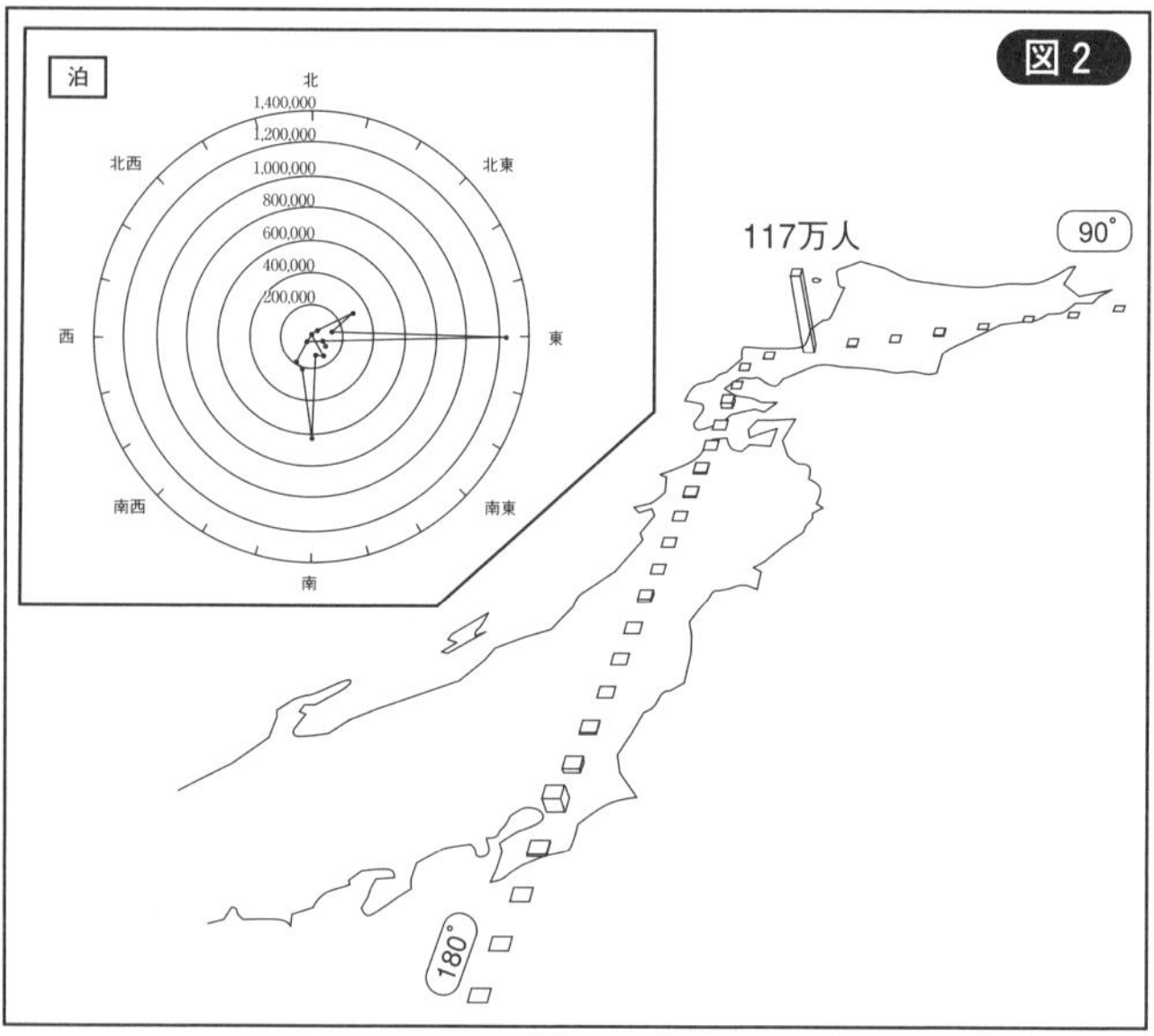
図2
泊
北
北東
東
南東
南
南西
西
北西
1,400,000
1,200,000
1,000,000
800,000
600,000
400,000
200,000
117万人
90°
180°

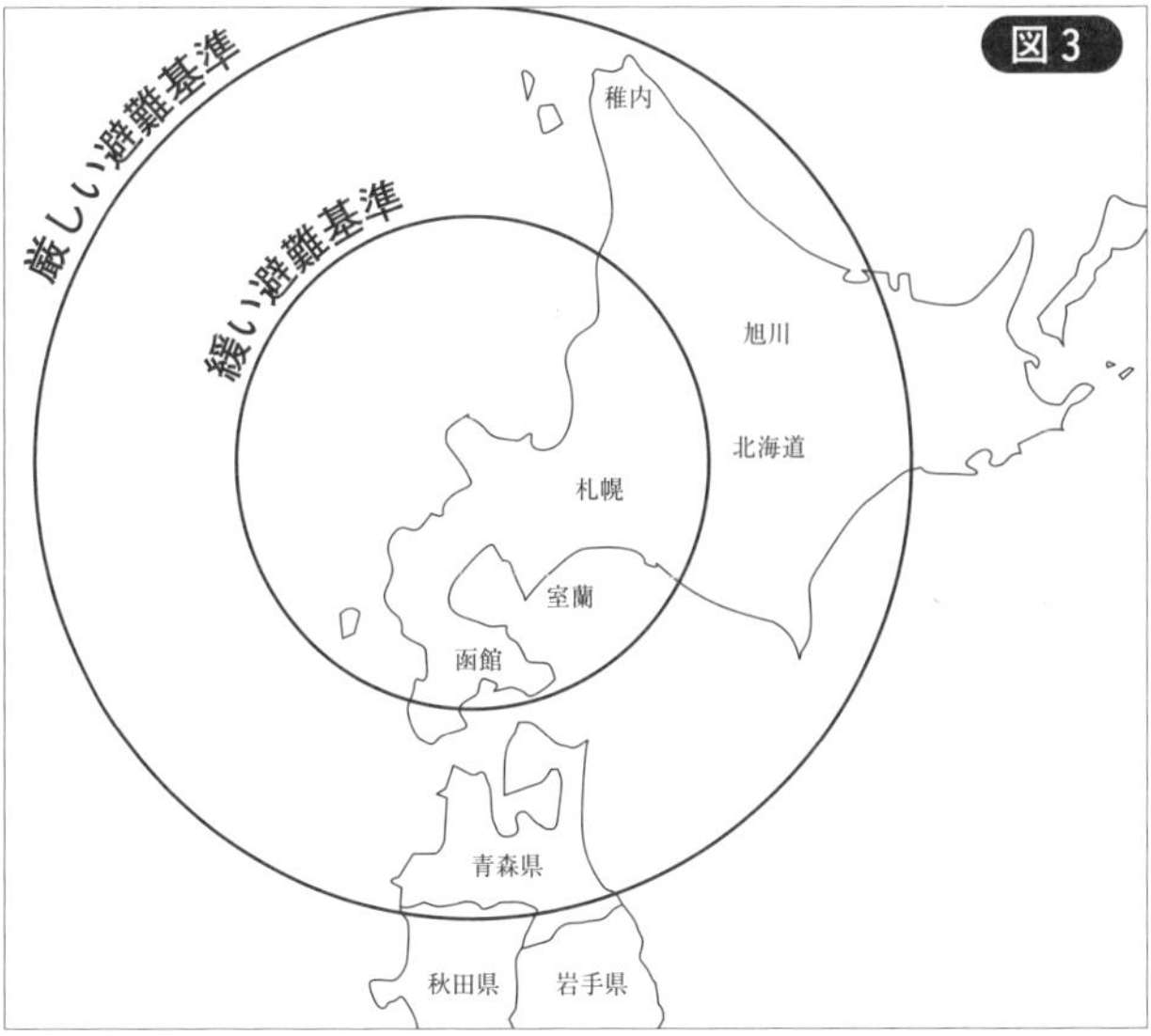

図3の「長期避難を必要とするエリア」によれば、「緩い避難基準」でも札幌、函館といった大都市が含まれる。「厳しい避難基準」では、もちろん北海道全域が汚染の危険にさらされ、道民は全て退避しなければならない。畜産物への汚染被害も回復不能なものとなる。

そして、いまや別の危険が存在している。泊原発南直下の青森県六ヶ所村の核燃料再処理工場が、早ければ2007年11月から本格稼動を開始することになっているのだ。その問題点については次章で詳しくふれるが、再処理工場が放出する放射能は原発の300倍以上であり、高レベル放射性廃棄物貯蔵管理センターには、すでに全国の原発から持ち込まれた核のゴミの固まり1440本がひしめいている。泊原発で破局的事故が起き、六ヶ所村からの避難が必要になった場合、これをいったいどうするつもりなのか。核のゴミは、死の町に放置されることになる。

第4章 未来を汚染する「六ヶ所再処理工場」

「開発」の大波が村をさらった

２００７年、五月晴れのとある土曜日、愛知県豊橋市の文化会館を訪ねた。ここで映画『六ヶ所村ラプソディー』の上映会が行われ、鎌仲ひとみ監督の挨拶があると知ったからだ。鎌仲監督は受付に座り、来場者に気さくに声をかけていた。上映後にお話を聞く約束をし、席に着いた。周囲を見回すと、さまざまな年代の人が詰めかけている。大学生くらいの若者が目立つようだ。

映画は、淡々と六ヶ所村の現在を映し出していった。映画が終わると、観衆から静かなどよめきがもれた。

青森県六ヶ所村は、斧の形を思わせる下北半島の付け根、太平洋岸に位置する人口１万２０００人の村。明治時代に近隣の六ヶ村を統合してできたため、「六ヶ所村」の名がついた。おもな産業は農業と漁業で、北に位置する泊漁港や南に広がる汽水湖・小川原湖で獲れる豊かな産物は、東北の太平洋岸有数の漁場として知られる。

その一方で、ここは開拓の村であり、開村以来数度にわたって大規模な入植者が土地に入り、農地を拓いてきた。戦後は、満州からの入植者も受け入れている。彼らの骨を刻むような努力が、村の美しい風景を作りあげたのだろう。緑の牧草地には牛が草を食み、豊かな水をたたえる小川原湖には川漁師の船が浮かぶ。点在する水田に早乙女たちが田植えする姿は、農村の原風景とさえ見える。

そんな美しい村の運命が突如逆回転させられる。今も村人たちが複雑な思いをこめて語る「開発」の大波が村をさらったのだ。

１９６９年、時の佐藤栄作内閣は「新全国総合開発計画」（新全総）を閣議決定する。土地が安く、広大な用地取得が望める東北地域に一大工業基地を造ろうという国家プロジェクトが立ち上がった。その最大の候補地となったのが、「むつ湾・小川原湖地域」であった。翌70年には青森県が「むつ小川原地区開発計画」を発表、六ヶ所村は空前の土地ブームに沸いた。村内は開発推進と反対に二分され激しく議論が交わされる一方で、不動産業者による違法土地取得が相次ぎ、巨額の金を提示されて土地を売る農家が続出した。

しかし、この「開発バブル」はオイルショックによって急速にしぼんでしまう。エネルギー危機によって深刻な打撃を受けた経済界は開発・拡大路線の舵取りを変更し、テクノロジー重視へと投資のほこ先を振り向けたのだ。六ヶ所村は開発未然のまま見捨てられた。わずかに石油備蓄コンビナートが建設されたが、買収された広大な土地は、開拓前よりもいっそう荒れた空白地帯となった。

荒廃する土地に降ってわいた核燃料施設誘致

そんな村に、突然「核燃サイクル施設建設」の声がかかったのは1984年のことだ。電気事業連合会が青森県に核燃サイクル施設立地の協力を要請したのである。7月、六ヶ所村に受け入れ要請をした際、小林庄一郎電事連会長（当時）はこんな談話を残している。

「六ヶ所村、むつ小川原の荒涼たる風景を見て、われわれの核燃料サイクル施設がまず進出しなければ開けるところではないとの認識をもった。日本の国とは思えないくらいで、よく住み着いてこられたと思う。いい地点が本土にも残っていたものだ」

『六ヶ所村史』の記述から引くと、当時の県および村がこのプロジェクトにいかに大きく期待していたかがわかる。

「……救世主のように現れたのは、核燃サイクル基地であった。（中略）青森県は他県とは違う事情を抱えていた。巨大開発の縮小で土地買収などで膨大な借金を抱えており、核燃

川漁師の舟の浮かぶ小川原湖

基地は渡りに船だったのである。」（『六ヶ所村史』中刊・第三節より）

88年10月にはウラン濃縮工場の建設が始められ、同時に村の電源三法交付金事業も開始された。以後、六ヶ所村には次々と核燃施設が建てられていった。92年3月「ウラン濃縮工場」が本格操業開始、同年12月「低レベル放射性廃棄物埋設センター」操業開始、95年7月には「高レベル放射性廃棄物貯蔵管理センター」が完成した。

またたく間に六ヶ所村は、核燃料サイクルの村へと生まれ変わった。以来、現在までに国内、海外から持ち込まれた核廃棄物はぼう大な量にのぼり、高レベル放射性廃棄物の固まりだけでも1440本がこの地にひしめいている。低レベル放射性廃棄物はここが最終処分場となっており、地表12メートルのところに埋め捨てられている。

そして日本の核政策最大の目玉である施設が、今、本格操業を開始しようとしている。世界最大級の「使用済核燃料再処理工場」である。

映画『六ヶ所村ラプソディー』

鎌仲ひとみ監督が取材のため六ヶ所村を訪れたのは、ドキュメンタリー『ヒバクシャ―世界の終わりに』を撮り終え、日本の核開発の現在をカメラに捉えたいという思いからだった。

「私はイラクで白血病やガンになった子どもたちと出会い、なぜ彼らがそのような病気で死ななければならないのかを知るために映画『ヒバクシャ―世界の終わりに』を作りました。取材を進めるうちに日本が深く関係していることに行き当たりました。劣化ウラン弾の原料には日本の原発でできた核廃棄物も使われているんです。六ヶ所村は私が最後にたどり着いた場所でした。これはローカルな問題ではありません。日本全体に関わる非常に重大な問題なのです。2004年には再処理工場で劣化ウランを使用した試験運転が行われています。それなのにそこで起きていることが、あまりにも伝わってきません」

鏡のようにそこで展開する出来事や人の営みを映し撮ろう。そしてどのような選択肢があるのか、未来に何が見えるかを知ってもらおう――こうして映画『六ヶ所村ラプソディー』の製作が始められた。

「2年間、よそ者として東京から通いました。飛行機で羽田に着くたびに光あふれる東京と六ヶ所村のギャップを思い知らされました。村の人々は素朴であり、他の日本の大多数の村と何も変わりがない。ただただ巨大開発に翻弄され、その中でサバイバルしてきたのだと思います」

しかし取材は困難をきわめたという。村は再処理工場推進派と反対派に二分されていた。数の上では圧倒的に推進する側が支配的だったが、取材に応じてくれるのは反対する人ばかりになっていく。それは推進派の村人たちが、メディアは公平に報道してくれないと感じている証しでもあった。こんなところにも実態を知らせることの難しさがあることを感じた。

映画『六ヶ所村ラプソディー』パンフレット

とくに「日本原燃」のガードの固さには途方にくれたという。「日本原燃」とは、六ヶ所村の核サイクル施設を運営する、9つの電力会社によって設立された合弁企業だ。出資比率は東京電力20％を筆頭に関西電力14％、中部電力9％……以下、電力会社のシェアに比例して電力会社の名前が並ぶ。同社の売上高は、平成16年度642億円だったが、平成17年度には1060億円に急伸長している。

六ヶ所村には、日本が凝縮している――と鎌仲監督はいう。それが指す意味を問う前に、六ヶ所村再処理工場の何が問題なのかを検証しよう。

80万トンの死の灰をどうする

運転開始から40年を過ぎようとしている日本の原発群は、今後次々と廃炉を生み出す予定だ。長年放射能にさらされつづけた原子炉、防護壁、配管や冷却水等々、巨大プラントは操業停止後にぼう大な放射性廃棄物を遺す。また、炉心に残された「死の灰」の中には放射能が失われるまでに何万年もの時間がかかる物質がある。

広島型原爆で燃えたウランは800グラムである。100万キロワット級の原発は1基で年間1トンのウランを燃やす。現在、日本では55基の原発が運転されており、年間の発電量は約4900万キロワットだから、毎年に約49トンの死の灰が生成され続けていることになる。広島型原爆約5万発分に相当する死の灰の量となる。

原子力発電が日本で始まってから現在までに約6兆キロワットの発電をしていることを考えれば、すでに約80万トン以上もの死の灰が国内に蓄積されているのだ（広島型原爆100万発分）。日本の人口1億2000万人で割り算すると、国民1人につき6・6キログラムの死の灰を背負わされることになる。

死の灰は、どうやっても処分することのできない危険物だ。焼却も廃棄も意味をなさない。放射能が消失するまで、どこかに半永久的に貯蔵しておかなければならない。原発ができた当初から、この核のゴミの問題は電力会社の大きな不安材料でありつづけた。

そこで白羽の矢が立ったのが、巨大開発の頓挫で空白の土地となった六ヶ所村であった。核燃サイクル施設を受け入れた村には、全国から核のゴミが続々と運び込まれてきた。

そして、もうこれ以上引き受けられないほどの満杯状態になったところで、新たな動きが始まった。2兆1900億円もの予算を投入した世界最大級の使用済核燃料再処理工場が、2007年11月から稼動を開始することに決まったのである。

つまずいた核燃料のリサイクル

前章でもふれたように、「核燃料サイクル構想」という核廃棄物のリサイクル計画がある。ウランを燃やしたあとにできるプルトニウムを燃料資源として再利用するというものだ。再処理とはこのリサイクルの流れの中心になる技術で、使用済核燃料を濃硝酸でどろどろに溶かし、溶液の中からプルトニウムとウランだけを分離して、新しい燃料に加工することをいう。ウラン資源の節約と新資源の開発をもくろんでの計画である。

しかし、プルトニウムを燃料とする高速増殖炉「もんじゅ」は、運転開始と同時に大事故を引き起こしてしまったために、せっかく再処理でプルトニウムを取り出しても、使用できる原子炉が日本には存在しなかった。核燃料のリサイクルはその端緒でつまずいてしまったのだ。

そこでウランにプルトニウムを4～9％混ぜた燃料（ＭＯＸ燃料）を作って、通常の原子炉で燃やす「プルサーマル」という方法が主役に躍り出た。現在、玄海、伊方、浜岡の３カ所の原発で順次プルサーマルが実施される予定が組まれているが、日本で「ＭＯＸ燃料」が使用された経験はいまだ乏しい。かつて関西電力が高浜原発でプルサーマルを行なおうとしたが、燃料の品質検査データに不正があることが発覚して中止に追い込まれるという事件さえあった。このときは英セラフィールドの「ソープ再処理工場」で製造された燃料が日本に運ばれてきている。

セラフィールドはイギリス中西部に位置し、かつてはウィンズケールという名で知られた核施設だった。世界最初の発電用原子炉が運転された場所もここである。たび重なる事故で現在は「セラフィールド」と改名を余儀なくされているが、ここは世界でも有数の核燃料再処理工場である。日本には本格的な再処理施設がなかったので、このセラフィールドやフランスのラ・アーグ再処理工場にプルトニウムの取り出しを依頼してきたのだ。

ばらばらに切断し、溶解される燃料棒

再処理は非常に危険な作業だとされる。それが実際にどのような手順で行なわれるのか、「六ヶ所原燃ＰＲセンター」で擬似工場見学を体験してみた。工程は「貯蔵」「切断」「溶解」「選別」「固化」の5段階に分けることができる。

まず、原発から運ばれてきた高温の燃料棒をプールに浸けて冷やしながら、寿命の短い放射能が弱まるのを待つ。これが「貯蔵」。次に、その燃料棒を取り出して横転クレーンに載

六ヶ所原燃PRセンター

せてせん断機に運び、燃料棒を3～4センチの長さに切り分ける作業が「切断」。ばらばらになった燃料棒は「溶解」槽に入れ、硝酸で溶かす。それをパルスカラムという「選別」装置に送り、溶液はウランとプルトニウム、その他の高レベル核廃棄物に分けられる。分離されたウランとプルトニウムはさらに精製、脱硝されて保管される。最後に残った高レベル核廃棄物は、溶かしたガラスに混ぜられ、キャニスターというステンレス容器に入れて固められる。これが「ガラス固化体」といわれるものだ。

　単純に考えても、燃え残りの燃料棒を加工するのだから、材料自体の放射能レベルがきわめて高いことはわかる。被覆管で密閉されているそれらをばらばらに切断し、溶解する時に、どれほどの放射能が解き放たれるのだろう。そして残された高レベル核廃棄物の安全管理はどうなっているのか。実物の8割方を模したというPRセンターの薄暗い模擬工場で、思わず寒気を感じた。

再処理の流れ

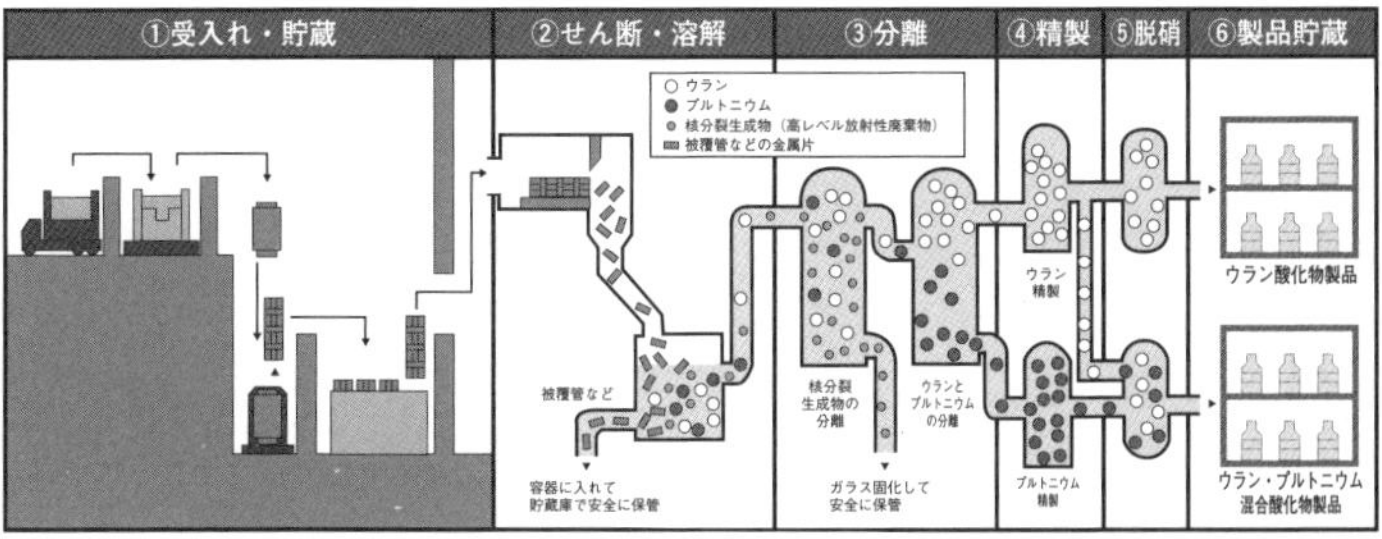

日本原燃パンフレットより

1日に原発の1年分以上の放射能を放出

六ヶ所再処理工場は、２００６年３月よりアクティブ試験（試運転）を開始した。実際にどれほどの放射能が環境に放出するのか、原発の場合と比較しながら具体的に見てみよう。

村の再処理工場では、年間に８００トンの使用済核燃料を再処理する計画である。８００トンといえば１００万キロワット級の原発約30機分に相当する。当然だが、環境へ放出される放射能の量は莫大で、事業申請書によれば再処理工場の年間放出目標値は３４９９００兆ベクレル。１００万キロワット級原発の目標値が９２５兆ベクレルだから、実に３７８倍にもなる。１日に原発の１年分以上の放射能が放出されるのだ。

原発の場合、気体と液体の放射能放出に対する濃度規制がある（固体は放出できないので貯蔵される）。しかし再処理工場の場合、気体については一応の濃度規制があるものの、液体の放射能については総量規制があるだけで、濃度は規制の対象外である。排水に濃度規制を設けると、1日に100万トンもの希釈水が必要になり、とても操業することができないという事情がある。

液体放射能のうち最も放出量が多いのはトリチウム（三重水素）の1万8000テラベクレム。1日あたり約60テラベクレムとなり、これは本来の許容値の100万倍である。排水口は太平洋の沖合3キロ・深さ44メートルの場所に設けられているが、当然、海が猛烈に汚染される。また、トリチウムという元素は水素の仲間なので、水で薄められると検出することが難しくなる。たとえ汚染による影響が出ても、原因物質として特定しにくくなるという。

大気に放出される放射能で、最も多いのはクリプトン85。年間に放出される量は、33万テラベクレムで、やはり原発の350倍以上である。放射能は文字通り空に海にタレ流しにされるのである。

再処理工場が周辺住民に与える被曝は

これが周囲の環境にどれほどの被曝を与えるのだろうか。海に排出された放射能が海産物に蓄積して、それを食べた人間に被害をもたらすことも懸念される。

一般の人が放射線を浴びて被曝する許容量は1年当たり1ミリシーベルトが限度と定められている。それ以上被曝すると健康に被害が出るという国際的に認められた基準である。しかし原発などの核施設は全国に多数存在するため、それぞれの施設に1ミリシーベルトの許容量を与えると、周辺の一般の人が簡単にそれを超えて被曝してしまう。だから原発でさえ0・05ミリシーベルトを被曝目標とするようにしている。

「日本原燃」のホームページを見ると、再処理工場が平常運転する場合の周辺住民の被曝量は0・022ミリシーベルトと大変小さな数字になっている。いったい、これはどういう計算なのか。

この数字の根拠について京都大学原子炉実験所の小出裕章氏は、次のように検証する。

「被曝の影響を計算するときには、仮定に仮定を積み重ねて行ないます。その仮定のし方によって、得られる結果は数分の1になったり数倍になったりするものです。つまりさじ加減でどうにでもなってしまう。だから、まず大きな誤差があることを前提にしなければなりません」と小出氏はいう。

「本来ならその誤差の上限と下限を示して計算しなければなりません。日本原燃の安全審査の申請書を見ると、すべての項目で極端に甘い仮定となっている項目が見られます。たとえば海草を食べることによるヨウ素被曝では、原発では4000とされている濃縮係数が、六ヶ所では半分の2000とされています。これにはどんな根拠もありません」

海草などの植物類は、海に排出された放射性ヨウ素を多く取り込む。これを人間が摂取するとおもに甲状腺に蓄積し、ガンなどの影響を与える。また、牛肉の摂取量についても過小評価があるという。住民の1日の牛肉摂取量は20グラムと青森県が評価しているのに対して、日本原燃はわずか6グラムとしている。この点でもリスクの最大値を取ろうとしていないことがわかる。

掃除機のほこりから放射性物質が

「もう一つ性格の違った問題もあります。もともと日本の再処理施設はフランスをお手本にしています。茨城県東海村の再処理工場にしても、この六ヶ所村にしても結局自前でつくることができず、フランスに依頼して作ってもらっているわけです。それなのにルテニウムという放射性物質の放出量は、フランスのラ・アーグ再処理工場の実績の400分の1しか放出しないというのです」（小出氏）

ルテニウムは揮発性の酸化物を生じるため閉じ込めが非常に困難で、イギリスやフランスでもたびたび環境汚染を引き起こしてきた放射能だ。フランスの実績に合わせてこれを再計算すると、海産物からの摂取だけで被曝量は約0・013ミリシーベルトになる。全体の被曝量として仮定されている0・022ミリシーベルトの大半をそれだけで占めてしまうのである。

被曝のシナリオ自体に問題があると指摘するのは、長年原発廃止に取り組んできた市民団体「美浜・大飯・高浜原発に反対する大阪の会」（通称「美浜の会」）代表の小山英之氏だ。

「大気に放出された放射能の一部は雨となって海に降り注ぐ。また海に出された放射能の一部は海中の気泡に吸着して海面に浮上する。気泡がはじけると宙に舞い、風に乗って何キロも内陸まで運ばれて来ます。また沖から潮流で運ばれてきた泥や砂に付着して、干潮のときに風に乗って舞い上がるなど、さまざまな経路で陸に戻ってくることが予想できます。空気中を飛んできた放射能を吸い込むと内部被曝を引き起こして、重大な被害をもたらすのですが、日本原燃ではそうした経路をまったく考慮していません」

英セラフィールドにある「ソープ再処理工場」の周辺で、こうしたことは実際に観測されており、家庭の掃除機のほこりから放射性物質が検出されている。イギリス環境省が85年に行なった調査によると、セラフィールドのあるカンブリア地方沿岸部で掃除機のほこりからプルトニウム239、アメリシウム241といった放射性物質が見つかっている。最大の量を観測した地点では、オックスフォード市内に比べて、プルトニウムが500倍、アメリシウムがなんと2万6000倍もあった。

蓄積される海洋の放射能

また、放射性物質の蓄積もまったく無視されている。

「日本原燃は、放出された放射性物質は100％海中で拡散してしまい、どこにも蓄積しないとしています。だから、汚染は放出後1年を超えて存在することはないという。ところがセラフィールドでの調査によれば、ある年の海産物の汚染はその年の放出量にではなく、むしろそれまでに放出された放射性物質の全体量に比例しているのです」（美浜の会・小山氏）

セラフィールドでは海中に放出された放射能により、アイルランドとの内海であるアイリッシュ海がひどく汚染されてしまい、1980年にはアイルランド政府が閉鎖を要求、85年には欧州議会に「即時閉鎖」の動議を提出している。結局、このときはイギリス政府の強硬な反対により閉鎖とはならなかったのだが、いまやアイリッシュ海は世界で最も汚染された

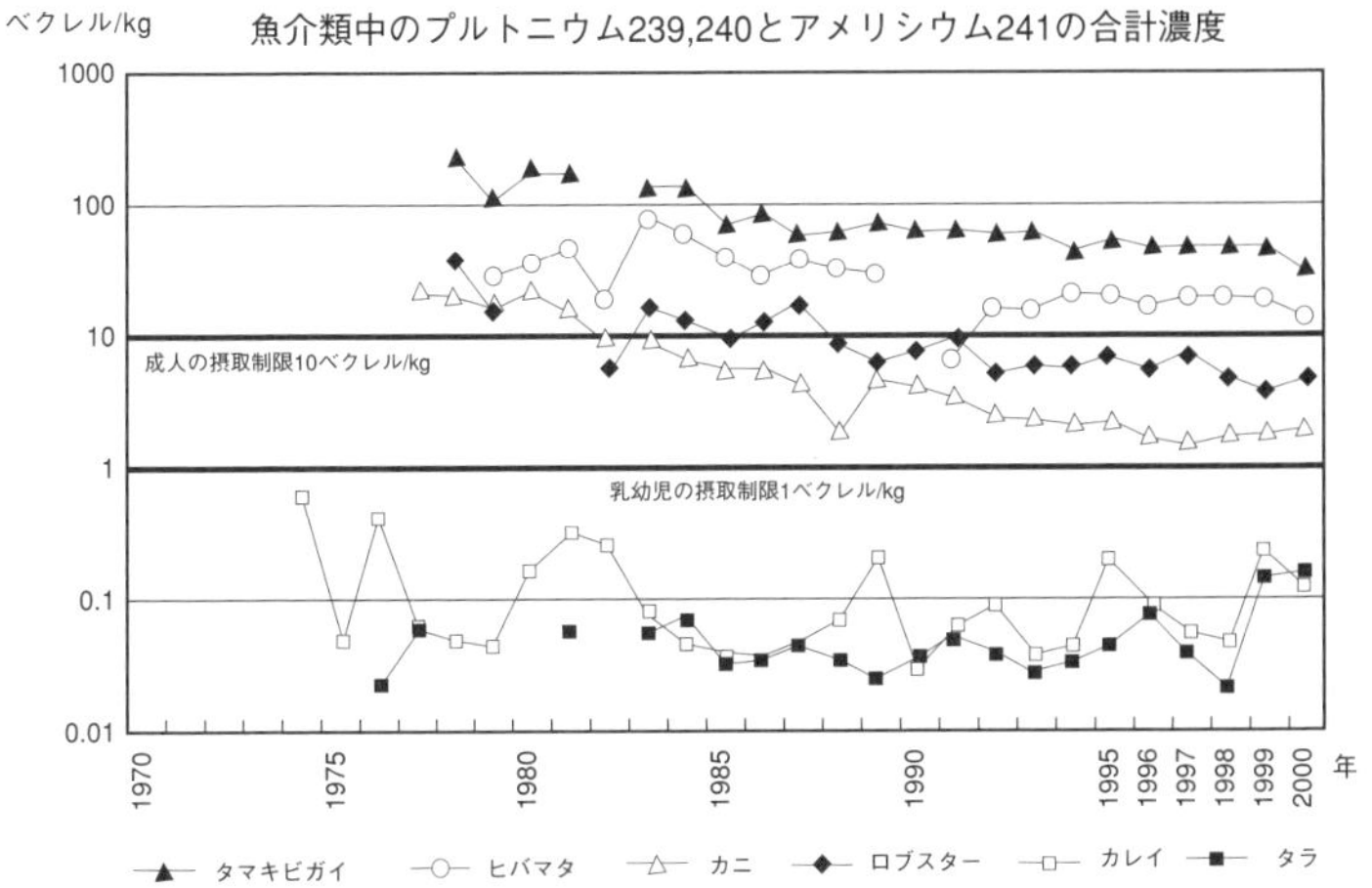

英国農漁業食糧省の年次報告書1967年～2000年より作成

「美浜の会」資料より

海になってしまった。太平洋の真ん中に比べ、その放射能濃度は70倍にも達する。

国内外からの批判を受け、セラフィールドのプルトニウム放出量は年々減少しており、1970年代のピークに比べると2000年時点では約1000分の1のレベルにまで抑えられている。にもかかわらず、工場の面するアイリッシュ海で獲れる魚介類中のプルトニウム濃度は数分の1～20分の1程度にまでしか下がっていない。濃度が下がらない原因は、海底などに蓄積したプルトニウムが海水に溶け出しているためと考えられる。

「放出されたプルトニウムは95％以上がアイリッシュ海の海底に蓄積されており、海を汚染し続けているのです。プルトニウムの半減期は

海洋へのプルトニウムの分布（ミリベクレム/m³）　1994年

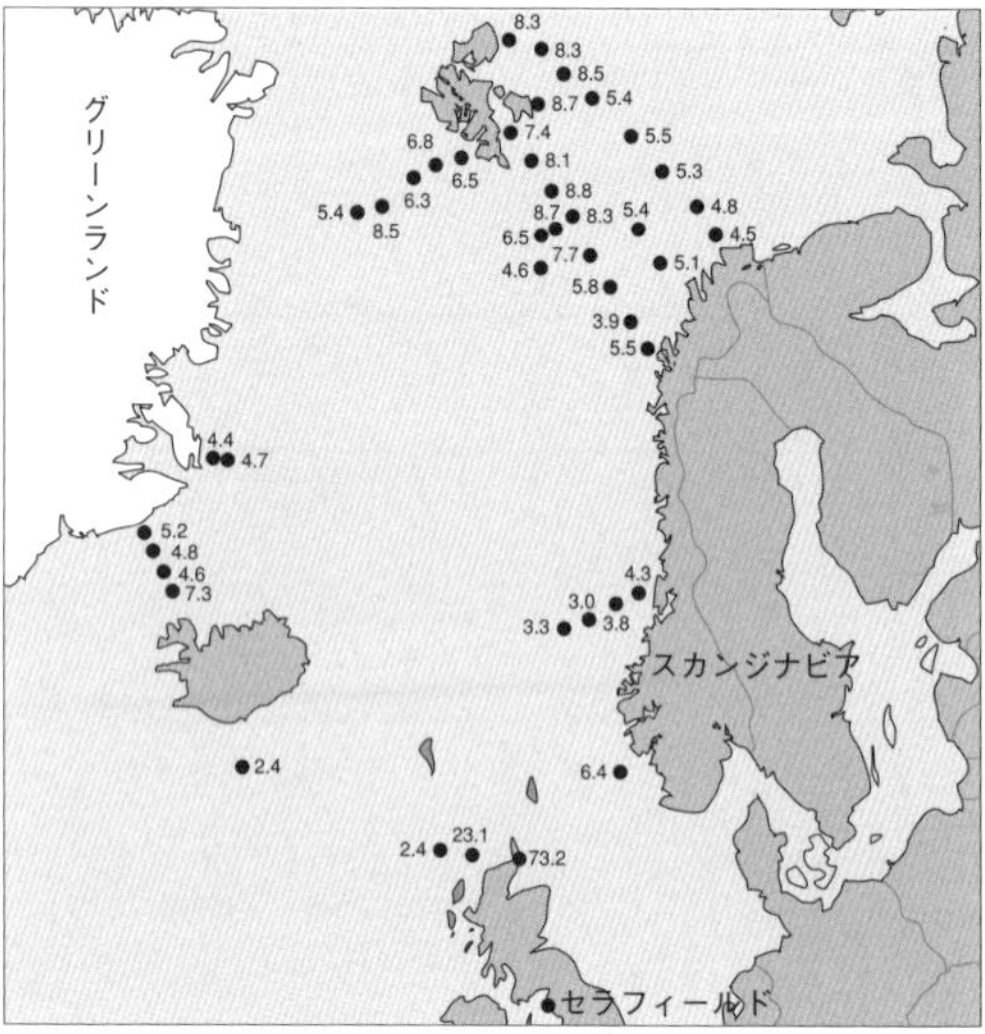

「美浜の会」資料より

2万4000年、ひとたび放出されてしまえば半永久的に汚染はつづきます」（小山氏）

セラフィールドの海洋汚染はイギリス周辺海域にとどまらず、遠く北極海にまで達しているという調査結果もある。世界最大の漁業国ノルウェー近海で獲れた魚介類からセシウムなどの放射能が見つかっており、ノルウェーはイギリスに対して強く抗議を行なった。

再処理工場周辺で多発する白血病

グラフに示したのは六ヶ所再処理工場から放出される代表的な放射性元素「トリチウム」

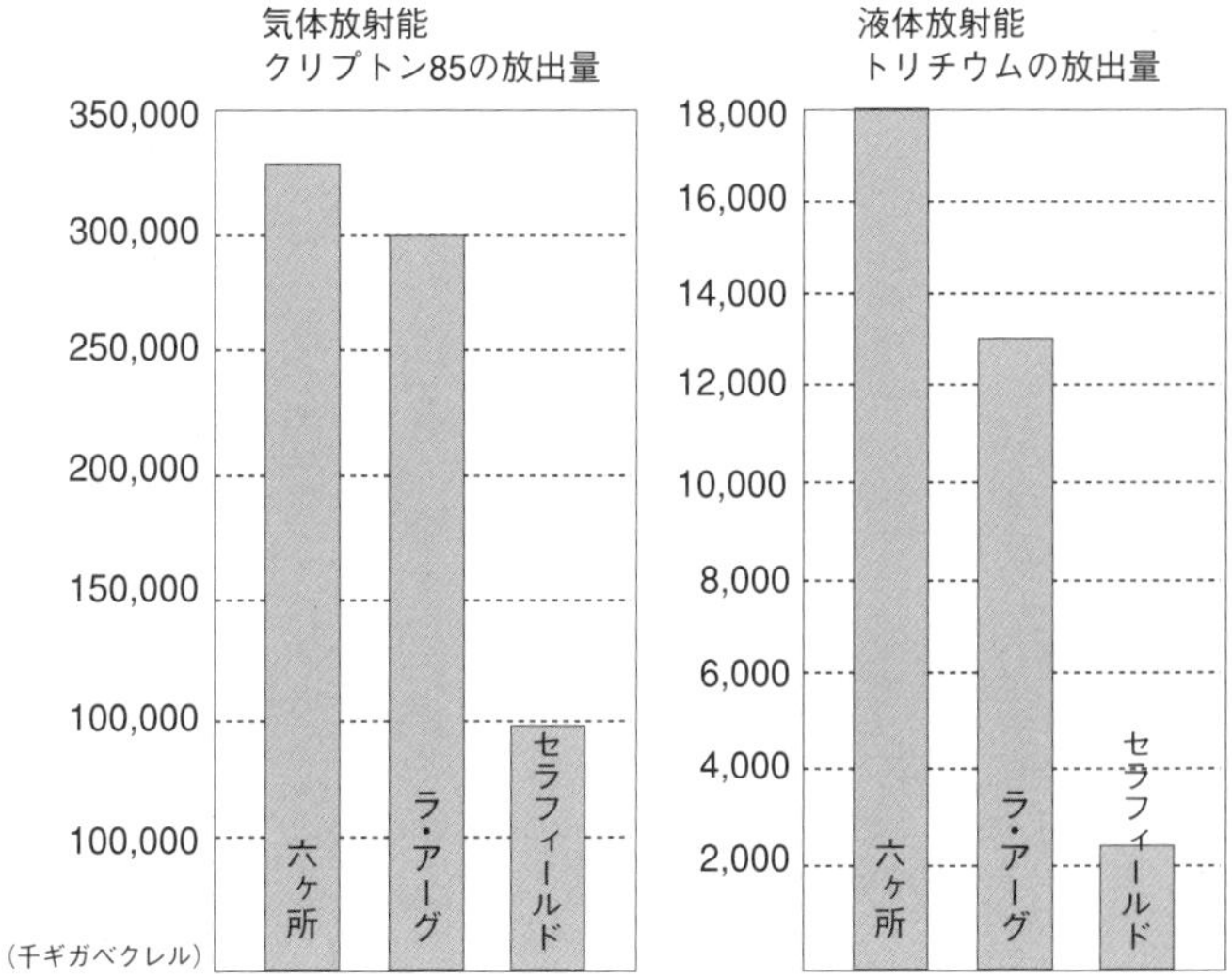

（液体）と「クリプトン」（気体）の予定放出限度量である。セラフィールドやラ・アーグと比較しても、どれほど膨大な量になるかがわかる。

放射性物質には「クリアランス基準」というものが決まっており、年間0・001ミリシーベルトを超えるものは十分に管理・保護しなければならないとされている。これは相当に甘い基準とされるが、それに準拠したとしても、六ヶ所再処理工場は公然と2倍以上の0・002ミリシーベルトの被曝を住民に与えるとしている。「安全」の根拠がどこにあるのか、どうして「安全審査」が通ってしまったのか。これではまるで安全を騙《かた》る詐欺のようなものだセラフィールド「ソープ再処理工場」は放射性溶液の大量漏洩事故をきっかけに閉鎖が決定した。ベルギーでも政府の再処理政策放棄を受け、モル再処理工場施設を解体中だ。海外では、危険でコストの高い再処理事業を見直す動きがすでに始まっている。

放射能汚染にさらされる再処理工場の周辺住民に、どのようなかたちで被害があらわれるのか、英セラフィールドと仏ラ・アーグの事例からひもといてみたい。セラフィールドについては「中国新聞」のシリーズ企画「世界のヒバクシャ」、ラ・アーグについては「ワールド・ビジネス・サテライト」（テレビ東京・１９９７年3月11日放送）などを参考にした。

スポーツ好きのリー君（当時17歳）が体調不良を訴え始めたのは、83年暮れのこと。次の年の夏にはからだに水泡ができ、マンチェスターの総合病院で診察を受けた。診断の結果は「急性リンパ性白血病」、即座に入院となった。

母親のジャニン・アリススミスさんは、最初息子の病気と放射線被曝の関係など思いもよらなかった。ところが9カ月にもおよぶリー君の入院生活のあいだに、同じ病棟に子どもの白血病患者が多いことを知った。しかも、その子どもたちのほとんどがセラフィールド再処理工場のあるカンブリア沿岸と何かしら関わりがあったのである。

子どもを自然に恵まれた環境で育てたいと願い、夏になるときまってアイリッシュ海の波が打ち寄せる浜辺で休暇をとってきたことを、ジャニスさんは悔やんだ。

彼女はすでに亡くなった子どもたちも含め、白血病患者の実態を掘り起こす調査を始めた。勤めのかたわら、白血病の子を持つ親とネットワークを築いて、患者の情報が入るとアンケートや聞き取りを丹念に行なった。回答のほとんどは、再処理工場との関係をうかがわせる内容だった。

ジャニンさんは、これをきっかけに「放射能汚染からカンブリアの環境を守る会」のメンバーとして活動を始めた。病気はリー君の命を奪ってしまったが、彼女らの告発はひた隠しにされてきた放射能汚染の実態をあばき、イギリス全土を揺るがせた。その後ヨークシャー・テレビの調査で、セラフィールド周辺での子どもの白血病発生率は平均の5倍以上であること、工場から4・2キロのシースケール村では実に10倍であることがわかった。人口2000人の村で子どものガン患者が30年間に11人も発生し、そのうち白血病が7人、11歳以下の小児が5人含まれていた——。

＊　＊　＊

セラフィールドから東へ8キロの場所で農場を営むジェームズ・フィザクリーさん一家に異変が現れたのは、87年だった。173ヘクタールの広大な土地に、ヒツジ800頭、乳牛20頭を飼い、平穏な生活を営んできたジェームズさんの両腕に大きなこぶができたのである。体調もすぐれず農作業をしてもすぐに疲れたといって座り込んでしまう。病院では妻のアンさんが夫の代わりに病状を説明した。しかし精密検査を受けても原因も病名もはっきりしなかった。

さらに追い打ちをかけたのが、その年の4月に起きたチェルノブイリ事故だった。事故の3日後に降り出した雨は、原発事故で大気中に舞い上がった放射性物質セシウム137をたっぷり含んでいた。牧草を食べたヒツジや乳牛はたちまち汚染されてしまい、すべてのヒツジが販売できる放射能の基準値を上回ってしまった。また、牧草が汚染されて飼料の確保が難しくなり、汚染への不安から牛乳が売れなくなった。仕方なく乳牛の頭数も減らした。

ジェームズさんの農場は大きな打撃を受けた。しかしふりかかった厄災は、それだけでは終わらなかった。その夏、今度は二女ジェニファーちゃん（当時2歳）が白血病と診断されたのだ。夫妻は核工場の影響を疑った。工場の煙はしょっちゅう家のほうに流れてきていたのだ。

ジェームズさん自身も、かつてタービン操作員としてセラフィールド働いたことがあった。「あの時に被曝したのだろうか」という思いに駆られたが、因果関係は立証できない。

小児白血病は適切な治療さえ受けられれば、治癒する確率が高い。幸い娘の命は助かったが、ジェームズさん自身の病気は治療の手立てさえない。農産物への影響はチェルノブイリのせいかもしれない。しかし二女の白血病で今は「核工場は危険」と確信している。

カモメも核廃棄物

放射性物質の外部への漏れ出しということでは、こんな話もある。英『インディペンデント』紙が報じたものだ。

「カモメは核廃棄物」

数十年間アイリッシュ海を汚染してきたことで非難され、その安全記録のことで攻撃の的となっているセラフィールドは、新しい予期せぬ脅威と苦闘している。

カンブリアの原子力施設内の地下に冷凍庫があり、放射能で汚染されたカモメがその中に詰め込まれ、次々と山積みされていることが明らかになった。

カモメやハトはセラフィールドの地面に降り、そしてまた飛んで行く。そうやって危険な放射能を外部に運んでいる恐れがあるのだ。

地元住民からの批判を受け、核燃料公社（ＢＮＦＬ）の管理者は射撃の名手を雇い、構内に降りてくるあらゆる鳥を撃ち殺すことにした。殺された鳥は低レベル核廃棄物と明示され、汚染の心配があるために冷凍庫に入れなければならない。

通常、ＢＮＦＬは海岸から数マイルの地点に低レベル廃棄物を埋め立て処分する。しかしカモメの埋め立て処分には別の厄介な問題がある。もしカモメを自然の中に放置すると腐敗して土中に浸出してしまうからだ。カモメの死骸は冷凍食品を輸送するために使われるような、大型産業用冷凍庫に保存されなければならないだろう。

ＢＮＦＬのスポークスマンは、どれくらい多くのカモメやハトが地下の冷凍庫にあるかについて正確にいうことはできなかったが、推測を答えることはできた。「いつもカモメを放り込んでいて、数えてはいない。しかし規模からいえば、その数は何百だ」。

（『インディペンデント』紙・２００５年9月11日付記事を一部抜粋）

子どもの白血病危険度が2・87倍も高い

「どうやって身を守ったらよいのかわからない。自治体が観光客減少を恐れて本当の情報を公開しないから」

ラ・アーグに引っ越そうと考えていたカミーさんは、こう不安を訴える。ラ・アーグはフランス・ノルマンディー地方コタンタン半島の突端に位置する。近隣には3つの原子力施設があり、19キロ東には原子力潜水艦が寄港するシェルブール軍港がある。ここはフランスでも最も核関連施設が集中している地域だ。

周辺の母親たちの不安を呼び起こしたのは、ラ・アーグ再処理工場周辺の海の放射能汚染が原因で子どもたちに白血病が多発しているという調査結果が発表されたからだ。この調査はブザンソン大学のヴィエル教授らによるもので、16年間にわたって再処理工場から35キロ圏内の住人を調べた結果、この圏内では子どもが白血病にかかる危険性が2・87倍も高いと結論づけられていた（次頁図）。

「パイプラインを使って再処理工場の排水を海に捨てている。だから海に行けば行くほど白血病にかかる危険が高い」とヴィエル教授はいう。

海岸汚染による小児白血病発生の相対的危険率　（海岸と関係なし＝1）

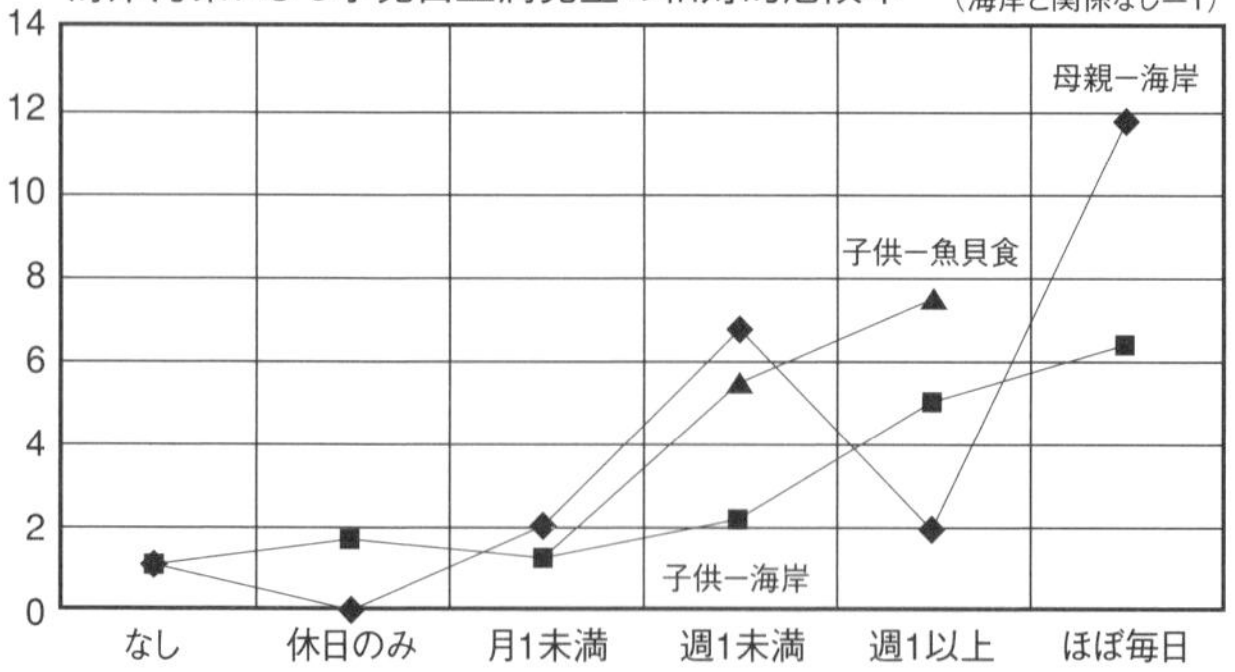

◆母親ー海岸：母親が海岸に行った度合いに応じてその子供に白血病が生じる危険度
■子供ー海岸：子供が海岸に行った度合いに応じて生じる白血病の危険度
▲子供ー魚貝食：子供が魚や貝を食べる度合いに応じて生じる白血病の危険度

Dominique Pobel & Jean-Francois Viel　BMJ 314

「美浜の会」資料より

ラ・アーグの母親たちは、工場と自治体に説明と情報公開を求めたが相手にされず、ついに「怒れる母親たち」というグループを結成。工場を運営するコジュマ社と政府を相手どって行動を開始した。

彼女たちは、工場の前でピクニックデモや署名活動を行なった。その模様はマスコミにも大きく取り上げられ、ヴィエル教授のレポートを「非科学的で信用できない」としてきた政府も重い腰を上げざるを得なくなった。

１９９７年７月、「グリーン・ピース」が再処理工場の排水管付近の海水を採取し分析したところ、通常の１７００万倍もの放射能を検出。政府はただちに再処理工場周辺海域への立ち入りを禁止し、漁業、水泳、水上スポーツを停止する命令を発した。

ヴィエル教授のその後の調査により、工場周辺の海岸で頻繁に遊んだり、この海で獲れた魚介類を多く食べた場合、白血病の発症率が高くなることがわかった。そして体の小さな小児ほどその影響が大きいという。

ソープ工場で大量の放射能漏れ

セラフィールドでは、健康被害、農産物被害をめぐって核燃料公社に賠償を求める裁判が急増した。また労働者の被曝基準を引き下げる要求も拡大し、大規模なストライキに発展した。イギリス政府は放射線と健康被害の因果関係を認めようとしないが、もはや汚染による被害拡大はとても放置できるような状態ではなかった。

そんな折も折、「ソープ再処理工場」でとてつもない大事故が発生した。

2005年4月19日に事故は起こった。核開発事故の通例通り、事故の発生は即座に報道されなかった。明るみになったのは、半月後の5月9日に科学誌の『ニュー・サイエンティスト』や『ガーディアン』紙が記事を掲載してからのことだった。

再処理工場では使用済核燃料を溶かし、その溶液からプルトニウムを取り出す作業が行なわれる。セラフィールドの事故では、配管が壊れ、およそ20トンのウランとプルトニウムを含む溶液が漏れたのだ。その量は約1万5000ガロン、オリンピックプールの半分の量にもなった。あまりにも放射能が強く、流出した溶液の溜まっている貯槽には人間が近づくことができないため、清掃用ロボットが処理に当たった。幸い汚染は外部に出ることはなく食い止められたというが、溶液の回収と放射能の除染作業には莫大な金額と長い時間がかかる。

その後、溶液漏れが実は何カ月も前から起きていたことが判明した。事故を調査した英国原子力グループが「配管は2004年8月から破損し始めたかもしれないという証拠がある。配管が完全に破損したのは2005年1月半ばと思われる」と報告したのである。

この事故隠しにアイルランド政府が猛抗議を行ない、当初は数カ月後に配管を修復し、「工場が安全で安定した状態であると、再度安心していただくために努力する」と述べて稼動再開を匂わせていた「ソープ」の無期限閉鎖がついに決まった。

工場には日本から委託された使用済核燃料も大量に存在している。正確にいえば「ソープ」が閉鎖するのは、それらの海外委託分の再処理を終えてからである。つまり、「ソープ」の事故は日本と密接に関係する問題だったのである。にもかかわらず、日本のマスコミがこの事故を報道することはほとんどなかった。共同通信が手短な記事を送り、佐賀新聞、山陽新聞、岩手新聞、東奥日報などの原発立地に近い地方紙がそれを掲載しただけだった（事故の大きさが明るみになってから後に報道したマスコミは、当然、いくつかあった）。日本のマスコミの核開発関連記事に対するこの冷淡さ、不感症さかげんは、実はかなり意図的なものと映る。その報道姿勢が問題であることはいうまでもないが、その話は後回しとしたい。

外部へ完全開放される放射性物質

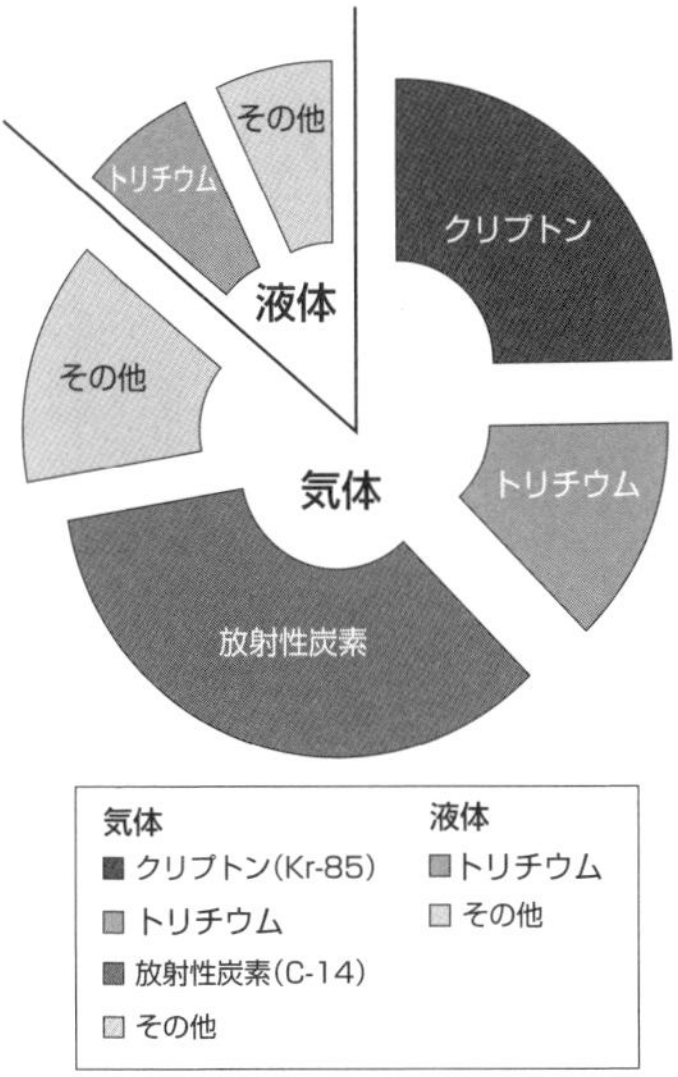

六ヶ所再処理工場の平常運転時に放出が予定されている放射能と、それによる被曝の割合を上図に示した。クリプトン85とトリチウム、炭素14の3つだけで被曝線量の約7割を占めている。被曝線量というのは人がさらされた放射線のエネルギー量のことで、人体に及ぼすダメージの量といってもいいだろう。

日本原燃の資料によると「(それらの放射性物質は)フィルタでは取り除けません。……充分な拡散・希釈効果を有する高さ約150mの主排気筒、沖合約3km、水深約44mの海洋放出口から放出します」とあり、全部を大気中と海中に放出するつもりであるという。

ところがクリプトンは、放出しないで捕捉する技術がすでに確立している。零下152度以下に冷やしてしまえば液体となり、閉じ込めることが可能である。

トリチウムの一部も蒸気として大気中に放出するとしているが、これにも首を傾げたくなる。日本原燃自身の評価でも、同じ量のトリチウムを海中と大気中に放出した場合、大気中に出したものは17倍もの被曝を与えるとしている。それならば放出する蒸気を除湿してトリチウムを捕捉してしまえば良い。そうやって海中に出した方がまだ大幅にましというものだ。炭素14にしても、固体化して捕捉する技術は完全に確立している。これらを全て放出しなければならない理由などどこにもない。

「三陸の海を放射能から守る岩手の会」の永田文夫氏は、再処理工場に放射能除去装置を設置するよう求める署名運動を始めた。

「要するに再処理工場の技術は全く不完全なのです。2006年3月31日からアクティブ試験(試運転)が開始されましたが、それからわずか12日後には液漏れ事故を起こしています。漏れた溶液に含まれていたプルトニウムは1グラム、それだけで人間100万人をガンにさせるだけの量でした。また、5月25日には工場で働く協力会社の作業員が体内被曝したことが明るみに出ました。その1カ月後の6月にも同じ部署で働く作業員がやはり体内被曝している。つぶさに見ればその年の11月までに十数回の事故が発生しているのです」（永田氏）

「三陸の海を放射能から守る岩手の会」は、2005年2月に青森県の隣県岩手県の住民らが結成、世界でも有数の豊かな海・三陸の漁場を守り、住民の生命の安全を守ることを求め活動を開始した。会が提出した「三陸の海を放射能から守ることについての請願」は、岩手県議会で全会一致により採択されている。

「海洋に放出される放射能は、太平洋に拡散されてしまうというのが日本原燃の説明ですが、実際には違います。沖合いに出された放射能は津軽暖流に乗り南下しますが、途中で寒流の親潮前線にはばまれて、陸地に押し返されてくるのです。このことは日本海から浮遊してきたエチゼンクラゲによる漁業被害が、下北や三陸沿岸でも起きていることからもわかります」（永田氏）

2002年には、市民団体「再処理とめよう！全国ネットワーク」が、六ヶ所再処理工場

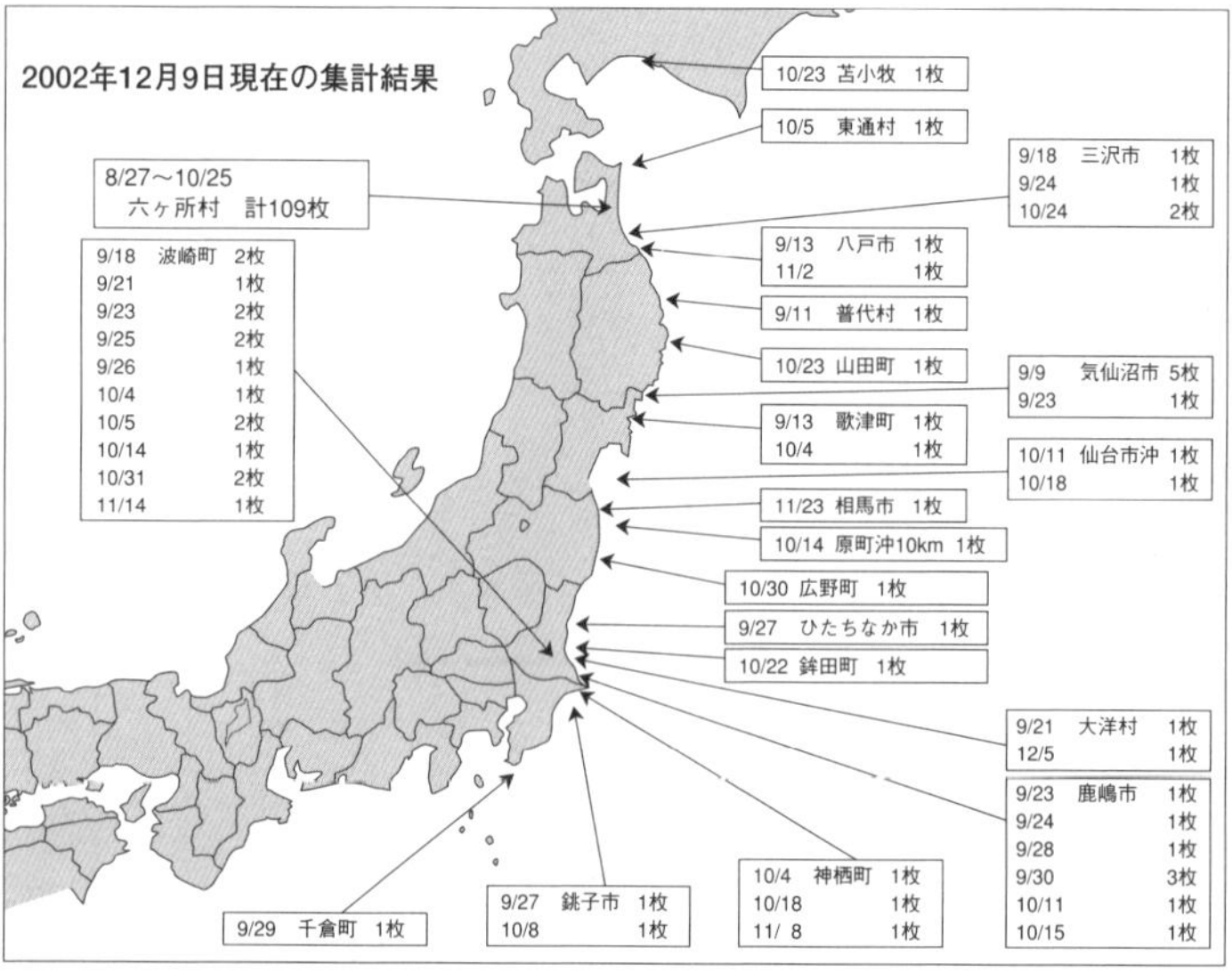

再処理工場排出口付近から約1万枚のハガキを海に流した実験結果。
ハガキが沖合に行かず沿岸へ戻ってくるのは、津軽暖流が寒流の親潮に出合い、流れを阻まれるためと考えられる。

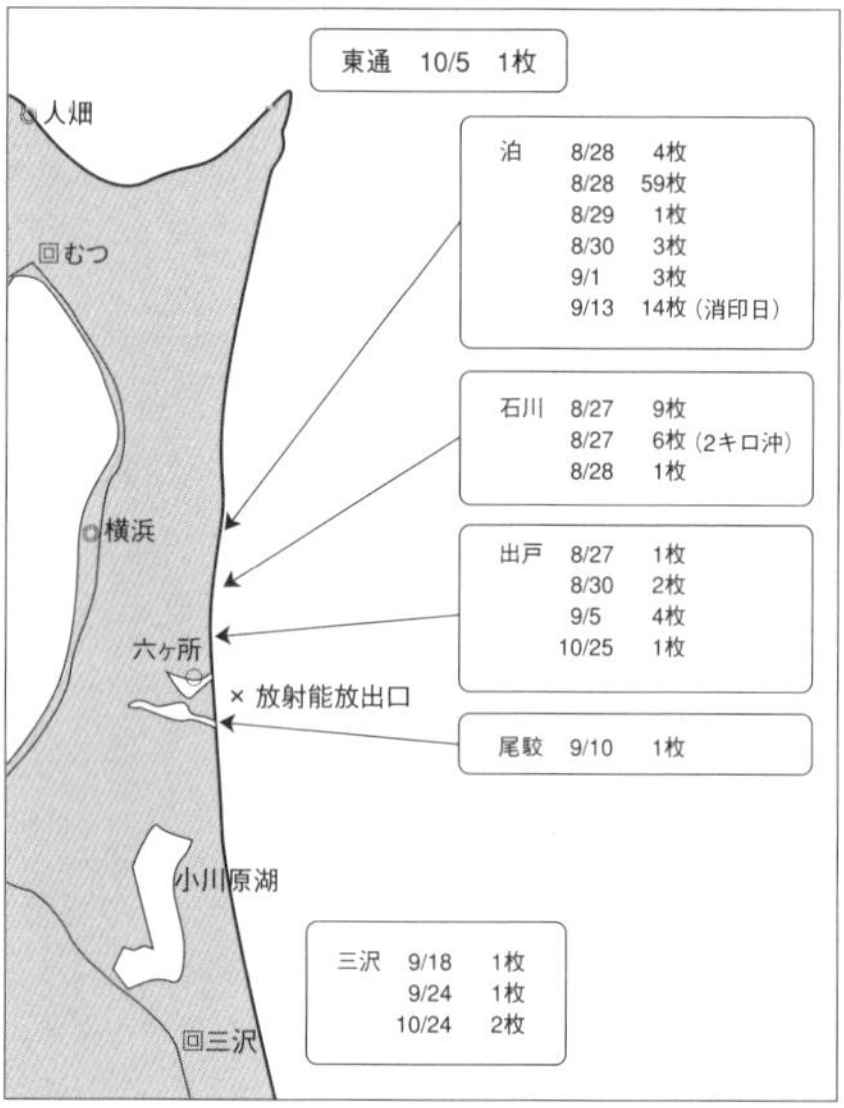

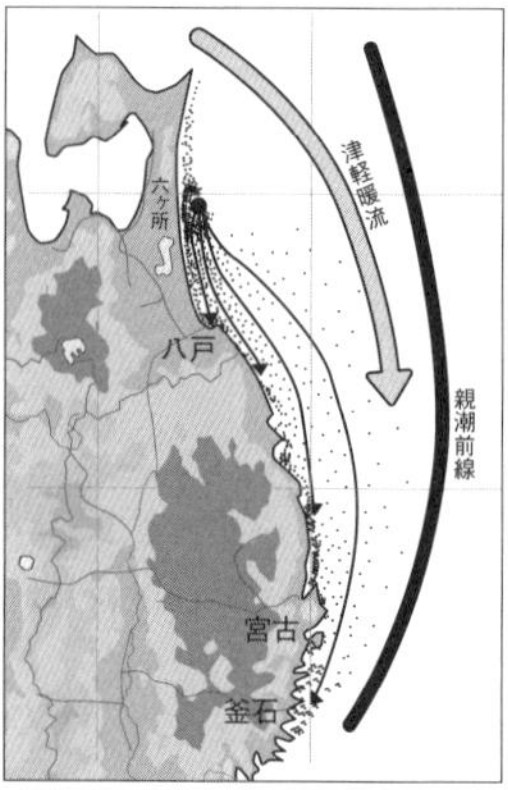

の放射能排出口付近から約1万枚のハガキを海に流す実験を行なった。ハガキは放流直後に大挙して泊漁港へと向かい、多くが三陸のリアス式海岸に入り込んだり、遠く東京湾に流れ着いたものまであった。この様子はまさに海に垂れ流された放射能の行く先を示していた。

設計図から消えた放射能除去装置

「まずは放射能の環境放出をやめさせることを目標に定めました。それには根拠があります」

そういって永田さんが示したのは、2枚の図（次ページ）だった。

「左の図は1988年に青森県議会で日本原燃が示した資料です。再処理工場設置図の中に『トリチウム処理建屋』と『クリプトン処理建屋』がちゃんと描かれています。しかし、翌年に国へ出された申請書からは、それが二つとも消えている」

なぜ放射能除去装置は消されたのか。永田さんはその理由を二つあげた。

一つは、除去装置が1台数十億円もかかる非常に高価な装置だということ。もう一つは、英国からの圧力の可能性があるという。2001年1月22日付の英『ガーディアン』紙は、次のような記事をすっぱ抜いた。

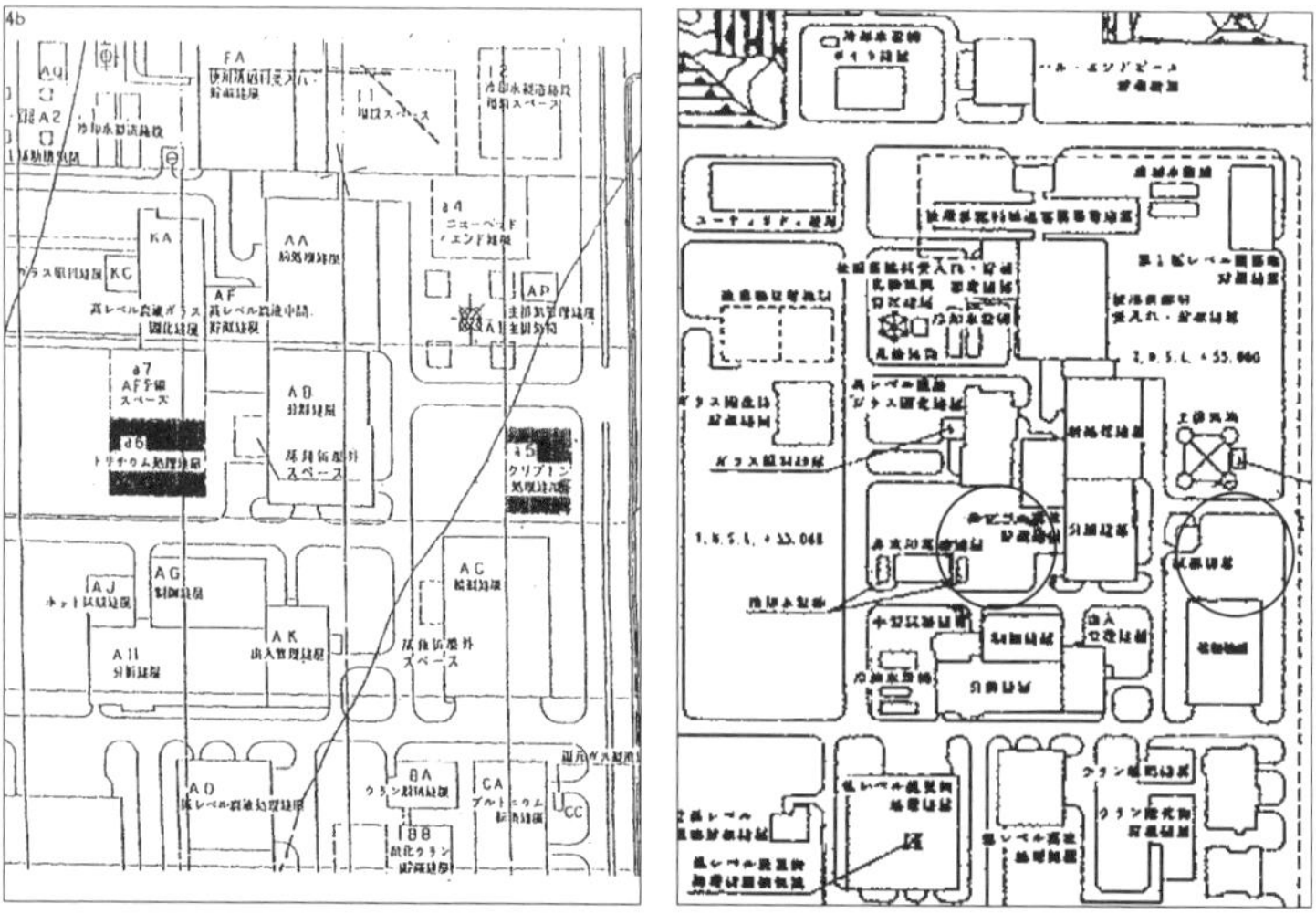

消えた放射能除去装置。左図は1988燃12月青森県議会に提出された資料。「トリチウム処理建屋」「クリプトン処理建屋」が黒く塗って示されている。1989年3月の国への申請書（右図）からは、それが消えてしまった。

「ガーディアンが入手したＢＮＦＬ（英国核燃料会社）広報担当ルパート・ウィルコックス氏のメモには、『我々は日本原燃株式会社がクリプトン85の除去装置を設置しないよう説得しなければならない。日本原燃が除去装置を設置すれば、長年にわたってクリプトン85を放出してきた我々の立場が危うくなるからだ』と書いている。日本の再処理工場は、ＢＮＦＬの助言の結果、ソープ工場と同じくらいの量のクリプトンを大気中に放出することになるだろう。」

　このままいけば再処理工場の運転は、近海にかつてない規模の汚染を与える。永田さんらは、集めた署名を２００７年

7月末の参議院議員選挙後に、国に提出する予定という。

「日本原燃は、県と六ヶ所村とで取り交わした安全協定で、『放出放射能低減のための技術開発促進に努めるとともに、その低減措置の導入を図るものとする』と明言しています。再処理工場から出る放射能の約99・5%が、排水中のトリチウムと排気中のクリプトンなのです。まずはこれらの除去装置設置をきちんと設置してもらいたい」(永田さん)

また京都大学原子炉実験所の小出裕章氏は、「六ヶ所再処理工場が毎年放出するクリプトン85は全地球規模に汚染を広げる」と警告を発する。

「全世界に与える集団線量は1320人・シーベルト。それにガン死のリスク係数を当てはめれば、毎年約130人、もしも再処理工場が40年操業すれば世界に約5000人のガン死者を出すことになります」(小出氏)

「人・シーベルト」とは、被曝したある集団の人数に被曝線量を掛けた数字で、「集団線量」を表す単位のこと。たとえば1万人が0・01シーベルト被曝した場合と、10万人が0・001シーベルト被曝した場合の「集団線量」は同じで、同数のガン死者が出る。

日本原燃のいう「充分な拡散・希釈」とは、つまり地球規模の広範囲に汚染を広げることにほかならないということだ。

六ヶ所再処理工場の事故シミュレーション

セラフィールド「ソープ再処理工場」の閉鎖は、日本にいくつもの示唆を与えてくれる。多重防護を持たない再処理工場は、原発をしのぐ量の放射能をまき散らす施設であるということ。そして、その危険に見合う事業性など存在しないという事実。原発が〝時限爆弾〟だとすれば、再処理工場はばく大な公害の〝毒泉〟である。

再処理工場での事故は、「ソープ」で実際に起きたパイプ破断など、さまざまなケースを想定することができるが、ここでは最大級の事故が起きたらどうなってしまうかをシミュレーションしてみたい。これは前出の京都大学原子炉実験所・小出裕章氏の研究によるものだ。

まず、六ヶ所再処理工場の年間処理量をもう一度確認しておく。日本原燃の計画によれば使用済み燃料３０００トンをプールに貯蔵し、８００トン分の再処理を行なうという。そのごく一部でも環境に漏れるようなことがあれば、大変な被害が出ることは容易に想像がつこう。

また、使用済核燃料は非常な高温であるため、数年間原子炉で保管しておかなければ運搬するどころではない。寿命の短い放射能はその期間にほとんどなくなっており、残るのは長寿命の元素である。これらは超ウラン元素と呼ばれ、その多くはアルファ線を出す。アルファ線は体内被曝に大きな影響を与える。

事態を次のように想定してみよう。六ヶ所村の南24キロの地点にある米軍三沢基地から飛び立った爆弾装備の戦闘機が墜落し、再処理工場の使用済み燃料プールを直撃したらどうなるか——。

これは荒唐無稽な話ではない。米軍三沢基地には、核兵器に次ぐ威力をもつ通称〝バンカーバスター〟という強力爆弾を搭載した戦闘機が配備されており、訓練中の事故も実際に何度か起きているからだ。

地球そのものを汚染する可能性

墜落事故直後には一部の燃料が破損し、放射能が飛散する。損傷を免れた燃料もプールの水が失われて冷却ができなくなり、やがて溶け出して放射性物質をまき散らす。それがどれほどの割合になるかは正確に計算できないので、ここでは爆弾の爆発・炎上によってプールに存在する使用済燃料の5％分＝150トンが損傷すると想定している。ここまでの推移を事故の「第1ステージ」とする。

図1

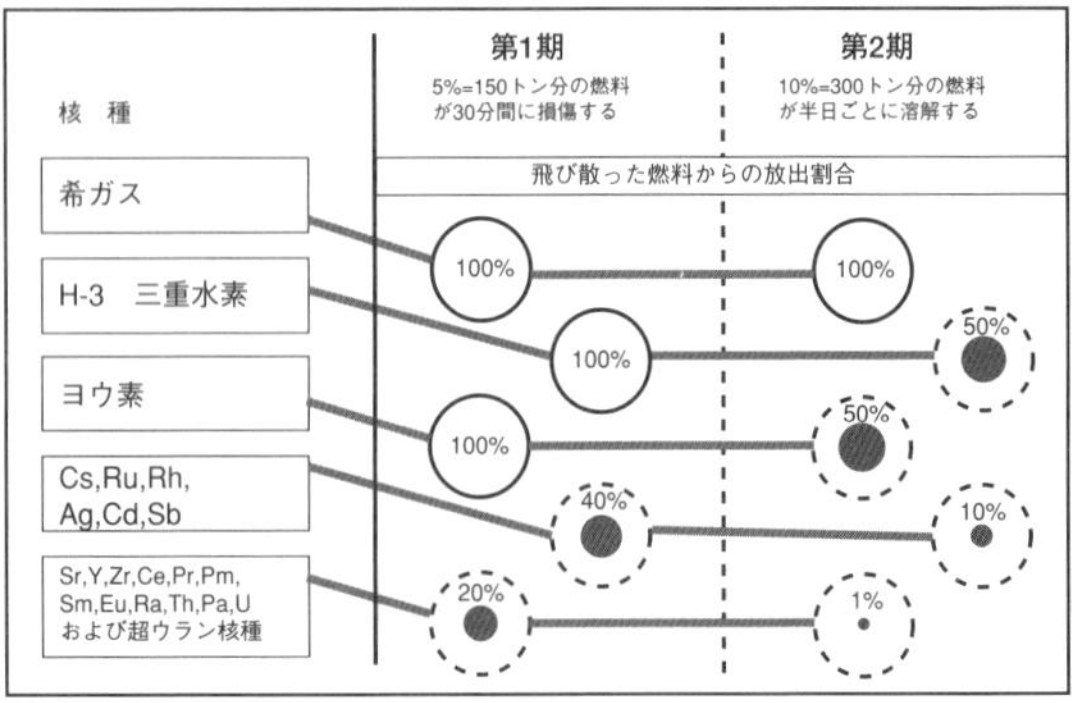

続く「第2ステージ」では、冷却水を失った燃料が半日ごとに10%ずつ溶融すると想定。それぞれのステージに放出される放射性物質の割合を示したのが**図1**である。

「第1ステージ」でどれくらいの急性死者が生じるのか。**図2**を見てほしい。半径6キロが99%急性死圏内となり、10・2キロまでが50%のエリアに含まれる。六ヶ所村の地勢からいうと、死者の出るのは北風および北東の風が吹いた場合になる。その風向きで近隣にどれくらいの急性死が現れるかを示したのがこの図だ。

また、被曝によるガン死者数を風向き別に示したのが**図3**。北、北東の風の場合の近隣のガン死者数を示した。また、風が東京に向かう場合には東京での40万人を含め190万人もの人が犠牲になる（**図4**）。そして、長期避難が必要なエリアは、半径2691キロという広大な面積になる。

次に、「第2ステージ」では、半日のあいだの風向のぶ

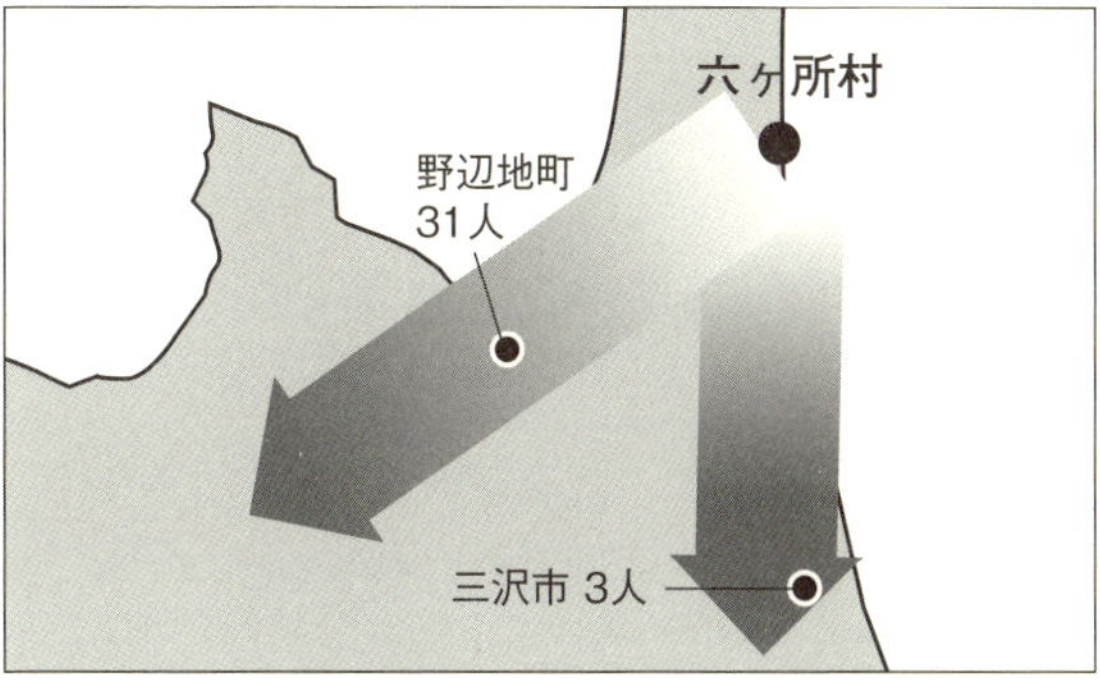
六ヶ所村
野辺地町
31人
三沢市 3人

図2

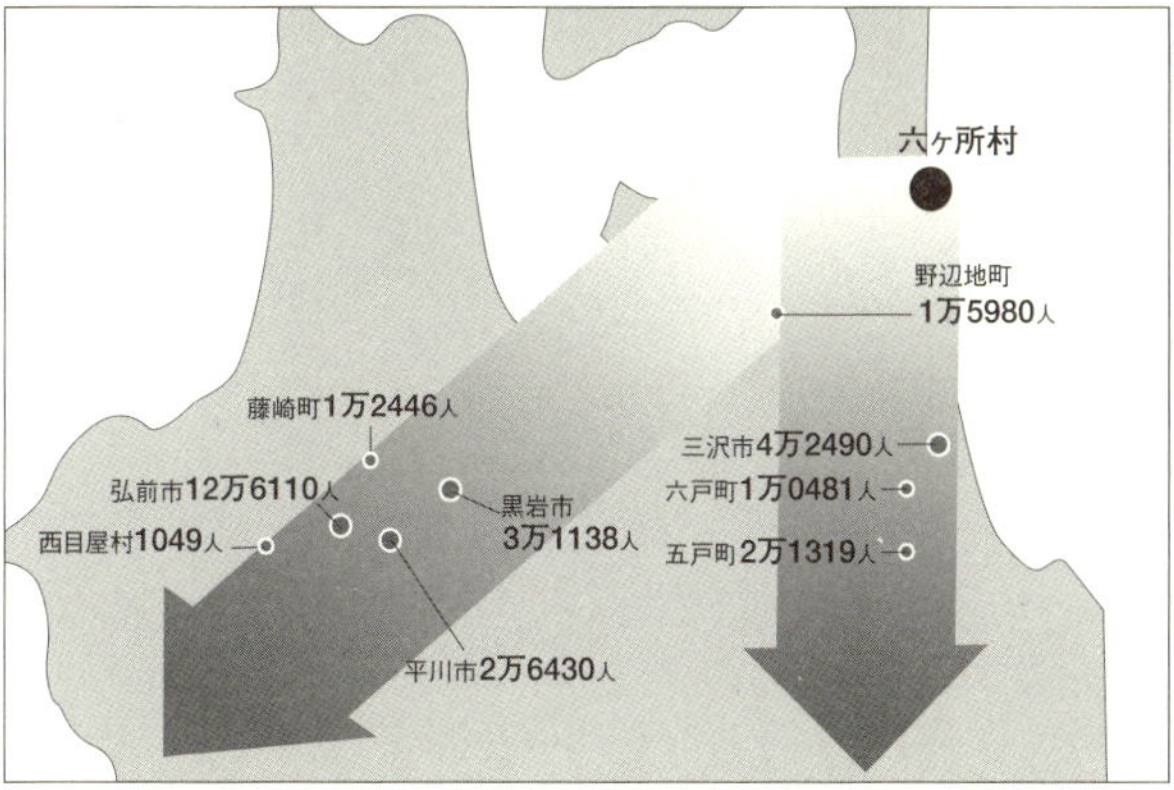
六ヶ所村
野辺地町
1万5980人
藤崎町1万2446人
弘前市12万6110人
黒岩市
3万1138人
西目屋村1049人
平川市2万6430人
三沢市4万2490人
六戸町1万0481人
五戸町2万1319人

図3

図4

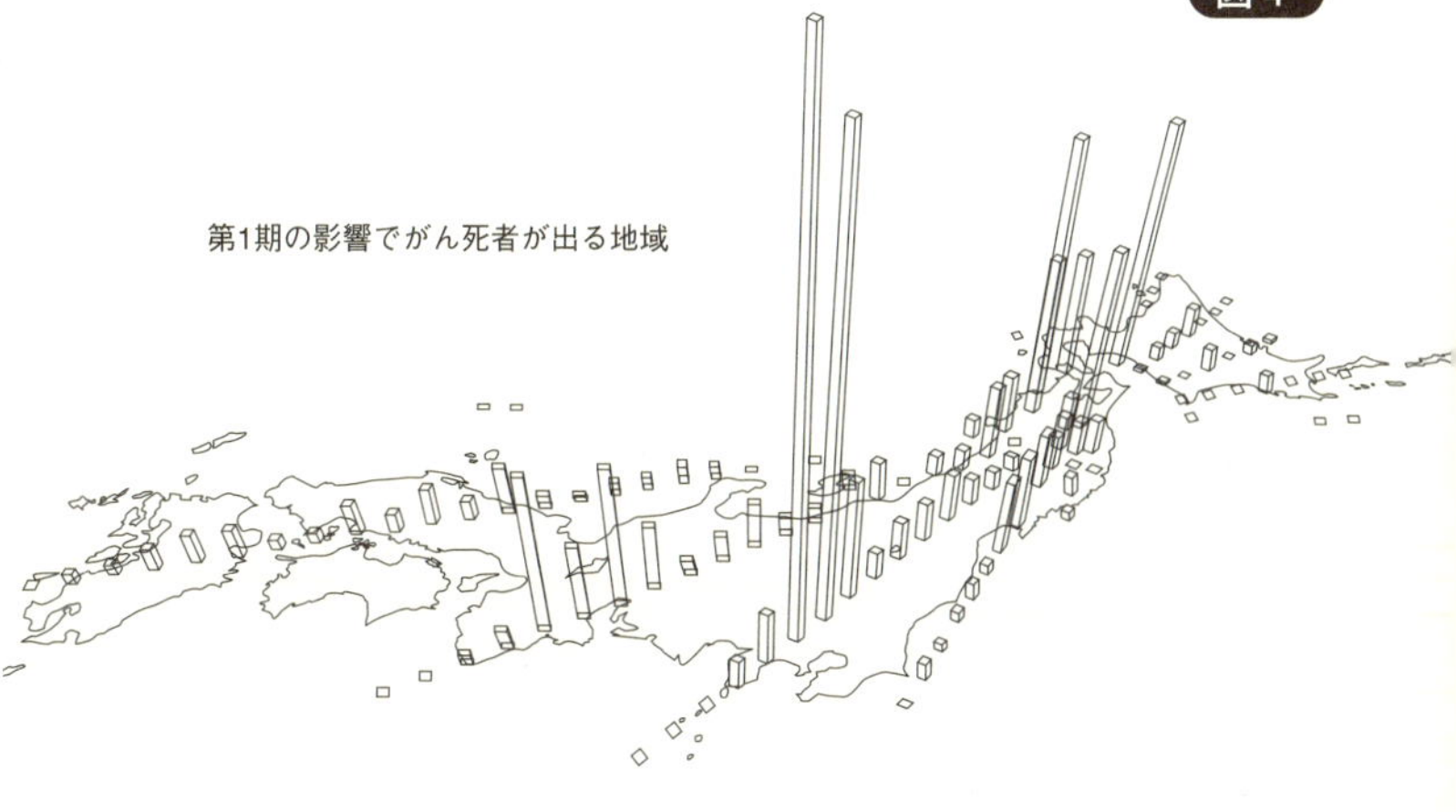
第1期の影響でがん死者が出る地域

図5

第2期の影響でがん死者が出る地域

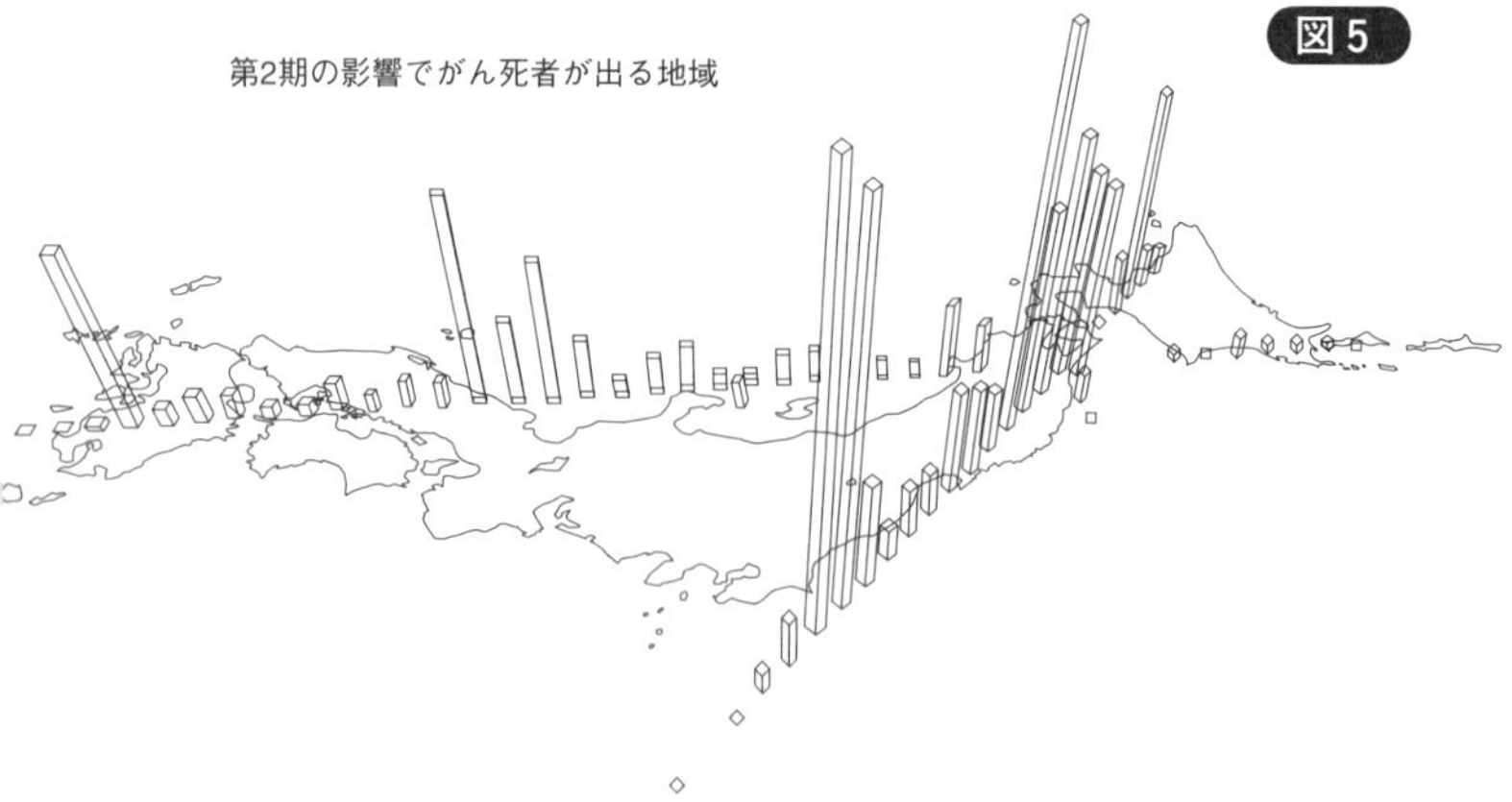

れを考慮して、45度の広がりで一様に放射能が広がると想定されている。

もしも4日にわたってこの放出が続き、風が一様に全方向を覆うとすれば、360度すべての方向が被害を受けることになる（!）。そこで、風が真北に向かう場合から45度ずつ風向きを変化させながら、それぞれの方向にどれだけのガン死者が出るかを示したのが**図5**だ。

「第1ステージ」に比べればガン死者の数は1けた以上小さくなるが、放射能が南に流れた場合ガン死者の数はそれでも11万人にのぼる。しかも、すべての方角に被害が出ることになるのである。近隣で発生するガン死者の予想数を**図6**に掲げておく。

また「第1ステージ」での汚染では、およそ2700キロまでの範囲が管理区域になってしまうわけだが、

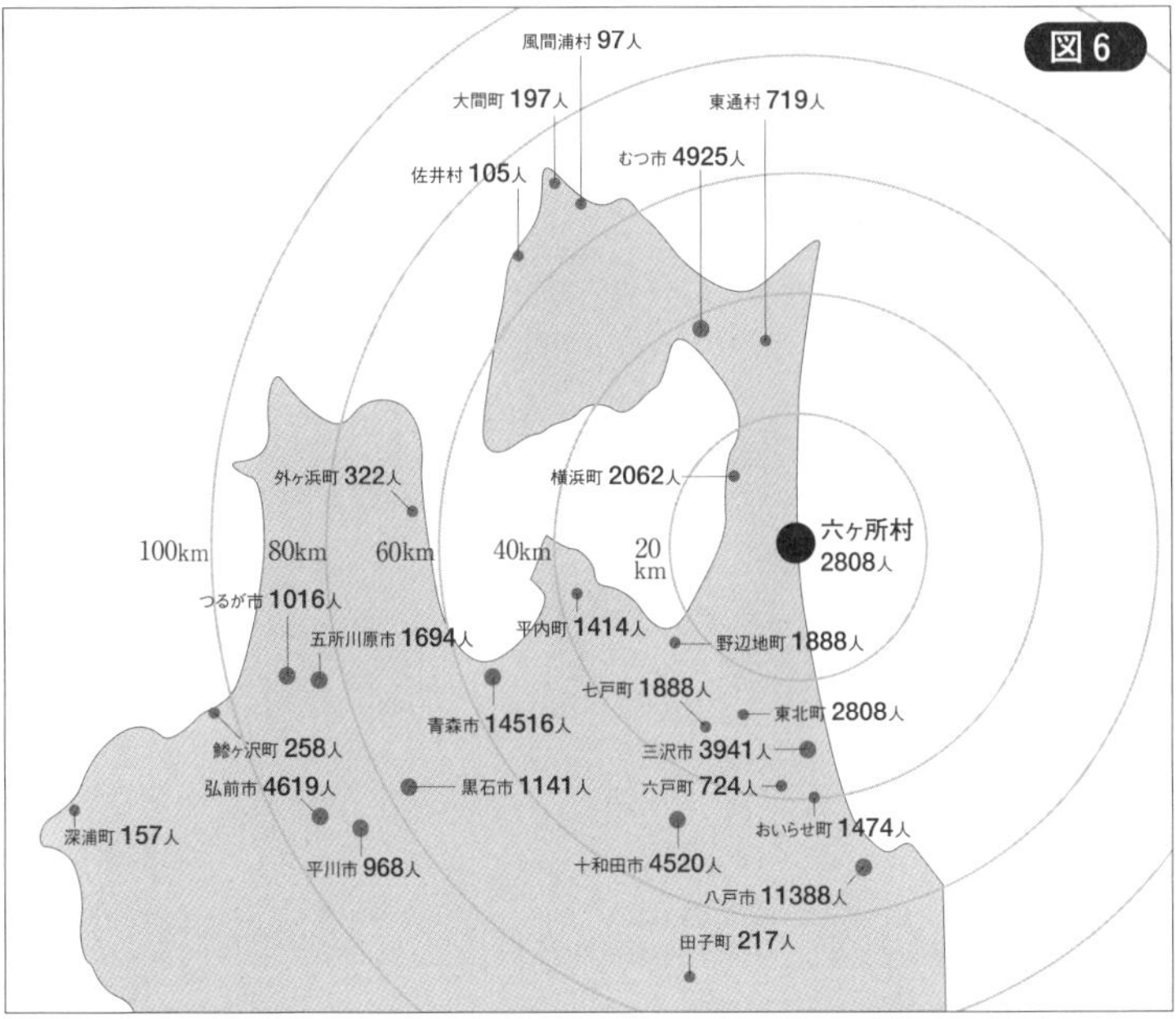

汚染が生じるのはおよそ15度角の風下だけ。一方、事故の「第2ステージ」では4日間にわたって全方位に放射能が拡散するのだから、汚染は再処理工場を中心にあらゆる方向に広がっていく。そして半径1100キロというはるか彼方まで放射線の管理区域にしなければならない。これはもはや日本一国の問題ではない。中国、韓国、ロシアにまで深刻な影響が広がるのは必至だろう。放射能は風に乗って世界にくまなく広がり、あらゆる場所でそれが観測されるだろう。全世界的な放射能防災が必要になるのだ。

　最後に、使用済核燃料のうちの1%＝30トンに含まれる放射性物質が放出され

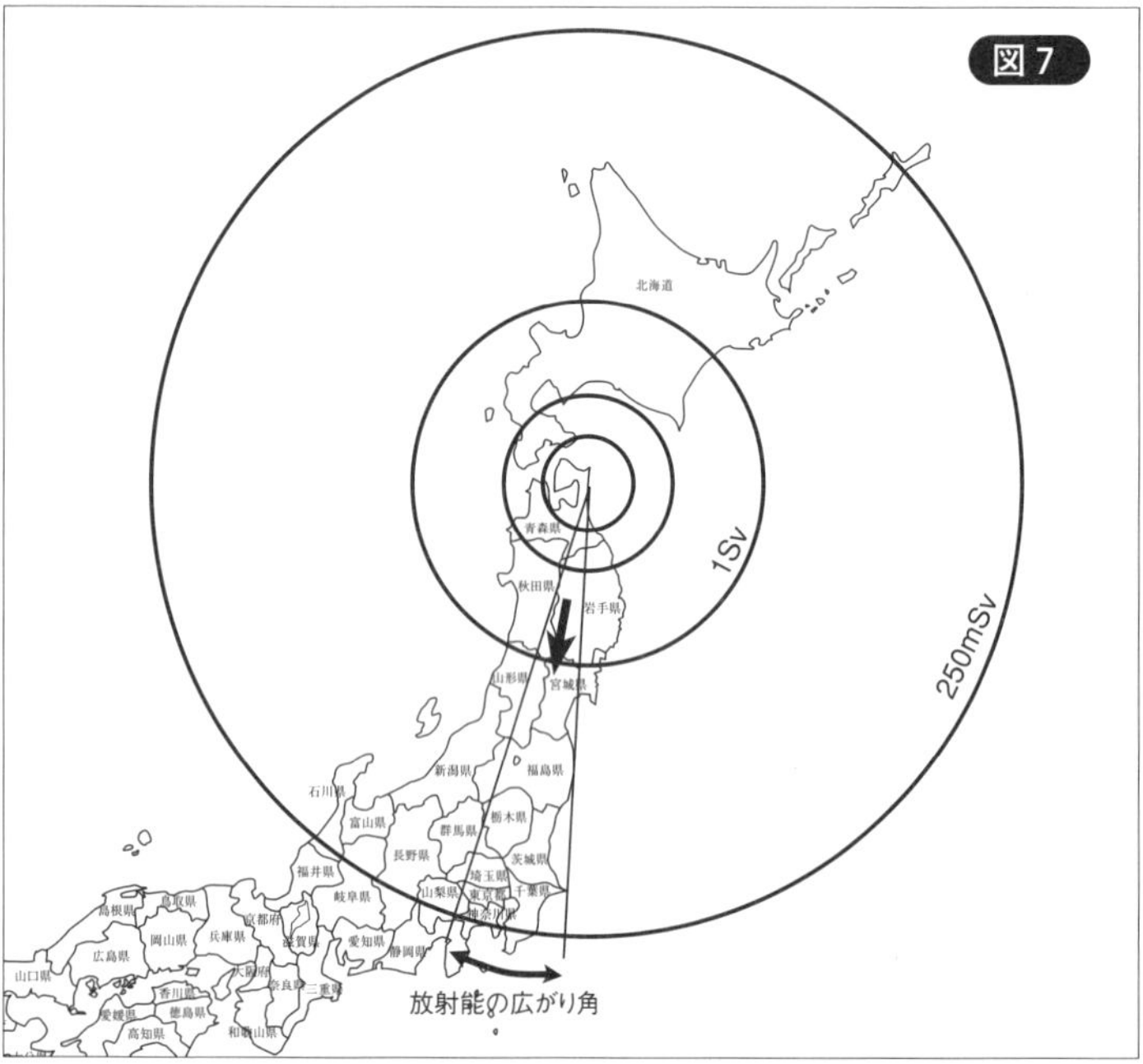

図7

る大事故が起きたらどうなるかを、原子力資料情報室の災害評価から見てみよう。セシウム137を尺度にすると、チェルノブイリ事故の放出量より1桁多い量となる。**図7**に見られるように、青森県全域と岩手、秋田、北海道の一部地域が急性死50％エリアに含まれ、遠く東京にまで急性症状が発生することになる。

原子力報道はタブー

これまで国は、どのような核開発政策を行なうのかを、ほとんど国民に知らせてこなかった。核開発に伴うさまざまな危険についても、真実をきちんと伝えようとはしてこなかった。柏崎刈羽原発のような大きな事件・事故が起きたときだけ集中的に取材し、継続的な報道を怠ってきたマスコミの責任も大きい。原子力問題はマスコミにとって大きなタブーなのだ。

元駐スイス大使の村田光平氏は、現在大学で教鞭を執りながら核開発の廃絶を広く訴えている。東海大地震の危険にさらされる浜岡原発の運転を止めるために「原発震災を防ぐ全国署名運動」を立ち上げ、呼びかけ人には梅原猛、坂本龍一、京セラ名誉会長の稲盛和夫など各界の有力者が顔をそろえる。現在までに全国で40万人を超える署名が集まっている。その村田氏は「マスコミは原発タブーから覚醒してほしい」と語る。

「マスコミは大手クライアントである電力会社の資金力に膝を屈しているのです。たとえば私は2005年7月に砂利採取会社の元社員から『浜岡原発のセメント骨材はアルカリ性反応を起こすおそれがあるのに、虚偽報告を行ない、無害なものとして納入されている』という内部告発を受けました。マスコミはこの情報を入手していたのですが、いっさい報道はされませんでした。その後インターネット新聞『JANJAN』がこの一件を大きく取り上げ、中部電力が記者会見を行なう事態にまで発展してから、ようやく新聞各紙、テレビでも報じられるようになったのです。まさにタブーの存在が示された出来事でした」

英セラフィールド事故報道でも同様の緘口令《かんこうれい》が自発的に敷かれていた節があった。

映画『六ヶ所村ラプソディー』の鎌仲ひとみ監督もこう語る。

「イチロー選手のこととか松井選手のことは毎日のように報道されるのに、六ヶ所村のことは、いまだかつてテレビの特番ひとつ放送されたことはありません。映画を撮ったときもマスコミは全然注目してくれませんね。普通、映画が完成すると試写会をして、記事を書いてもらってPRするのですが、この映画では試写会をしても観た人たちはみんな無言で帰っていきました。そして記事にもなりません」

こんな映画を作っているのだとマスコミの知人などに伝えても、関心そのものが低かったり、「六ヶ所村ってどこにあるの?」という反応さえあったという。報道現場の人間たちが、タブーであるということさえ意識しないほどに馴らされてしまっている様子が窺える。

しかし、村田氏はマスコミの覚醒に大きな期待を寄せる。社会のあり方、国のあり方にマスコミが与える影響は大きいからだ。

「マスコミは判断力を問われています。それはけっして難しいことじゃない。何が大事かを見極める常識を持つということです。すでに事態は議論の段階を過ぎているのですからね。破局の到来を未然に防ぐためには、「原発の国有化」「原子力安全・保安院の主管省からの独立」「浜岡原発の全面閉鎖」そして「六ヶ所村再処理工場の閉鎖」を早急に実施すべきです。とりあえずの緊急課題は、これを可能にする政策決定メカニズムを確立することであると思われます」（村田光平氏）

枠を超えて広がる反対の声

日本以上に核開発に力を注ぐフランスでも、反対の声が強く現れはじめた。ヨーロッパ随一の原発大国フランスは、国内電力供給の約70％を原発に依存する。英ソープ工場の閉鎖が決まった今、フランスのラ・アーグ工場は再処理の世界的中心となっている。そんな国の一流紙に「核開発の安全を監視せよ」というインタビュー記事が大きく載った。

発言者はノーベル賞物理学者のジョルジュ・シャルパック氏。報じたのは2006年10月3日付『フィガロ』紙である。

そのインタビューの要旨を掲げてみよう。村田光平氏の翻訳から抜粋する。

「新たなチェルノブイリが発生すれば、世界の世論は脱原発の必要性を確信するに至り、原子力産業は滅びるであろう。過去5年間に、そのような事態を招きうるような事例が見られたが、秘密にされ、議論すら行なわれなかった。……専門家の中に、実験室から出たこと

もなくバーチャルなゲームの虜になっているタイプの、愚かにして無責任な人間がいること
が懸念される。

短期的なヴィジョン、国家の利己主義、及び目先の利益の追求を克服すべきである。原子力及び大量破壊兵器の分野では、絶対的国家主義についての時代遅れの考えは棄てるべきであろう」

シャルパック氏は、本来は核開発の必要性を認める立場を取っている研究者である。その人物でさえ、現実は危険すぎるというのだ。氏は、安全を監視する国際機関の創設を訴えてもいる。

日本でも、やはりノーベル賞を受賞した物理学者・小柴昌俊氏が次代の核開発である「核融合」実験施設の誘致に反対し、時の小泉純一郎首相に抗議声明を出している。

また、薬害エイズ問題での活動で注目を浴びたジャーナリストの櫻井よし子氏、自民党議員の河野太郎氏らいわゆる「保守・タカ派」と目されてきた人々も、六ヶ所再処理工場の稼動には強く反対を表明している。

いまや反対の声は、枠を超えて大きな広がりを見せはじめている。

リサイクルではなく倍倍ゲーム

それでもなお、国と電力会社は「核サイクル」に強くこだわりつづける。そこには資源小国としての国策や利潤優先の企業本能など、どす黒い動機が渦巻いているようだが、再処理によるリサイクルは大変効率が悪いものでもある。

もともと原発で使われる燃料ウランのうち「燃える」のはほんの数%だけで、それ以上はうまく燃やせなくなってしまう。その燃え残りを取り出してウランとプルトニウムを分離し、再び燃料に加工するのが再処理工程だが、その新燃料もまた燃え残りが出る。実際にはそれを再び取り出し再処理し……というわけにはいかず、結局あとに高レベル放射性廃棄物＝「死の灰」が再び遺される。

核燃料を「燃やす」という表現を使っているために誤解しがちだが、ウランもプルトニウムも実際に炎を出して燃えるわけではない。核分裂反応をする時に非常な高熱を発するために、比喩として「燃える」というだけである。反応をした核物質は消えてなくなりはしない。別の放射線や放射性物質に変化するだけである。ウランはより毒性の強いプルトニウムを生み出すし、プルトニウムはまた新たな死の灰を生み出す。結局これはリサイクルではなく、

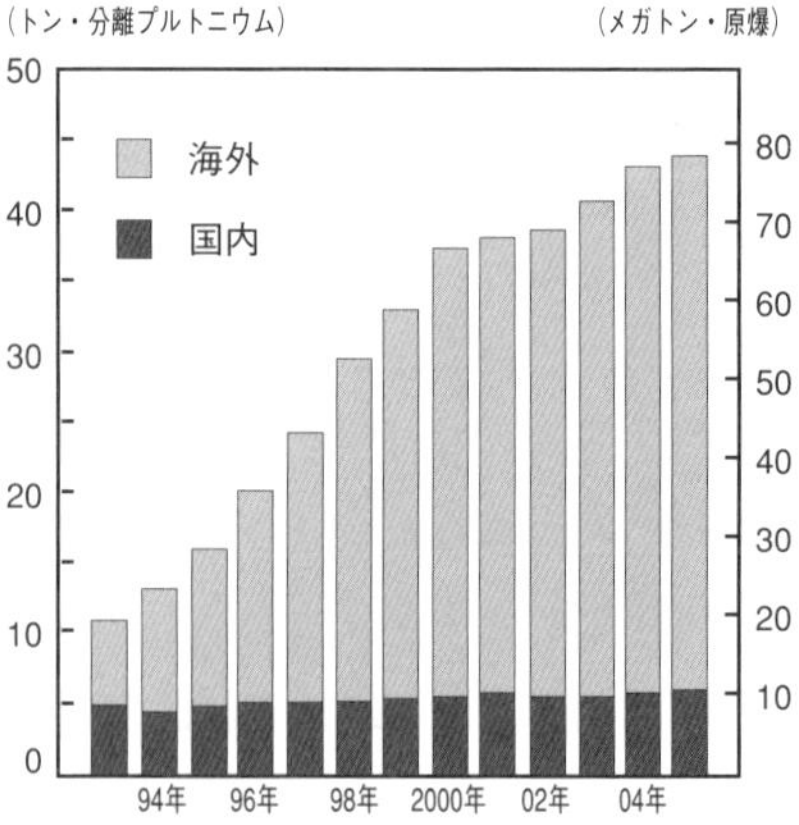

日本の分離プルトニウム保管状況
長崎原爆（21キロトン）が8kgのプルトニウム239で製造されていたとし、保管中の分離プルトニウムの68%が核分裂性であると仮定した。

核のゴミの倍倍ゲームなのである。

また、取り出されたプルトニウムの使い道も決まっていない。玄海3号機がプルサーマルで「MOX燃料」を燃やし始めるのは、２０１０年度からとなっている。しかし、六ヶ所で作られるものや海外に委託しているプルトニウムを使い切るには、さらに十数機の原発でプルサーマルを行なわなければならない。日本の原発が作り出す電力総量の大半は東京電力、関西電力の東西ガリバー企業が占めているのだが、この2社の保有する原発でプルサーマルを行なう計画はいまだない。

日本にはすでにプルトニウムが44トン（２００５年時点）もあり、六ヶ所再処理工場が稼動すると年間４・５トンずつ増えていく。プルトニウムは核兵器の原料である。長崎に落とされた原爆もプルトニウム型核兵器だったが、44トンといえば軽く３７００発の原爆を製造できる量だ。これだけのプルトニウムを保有し続けることは、国際的な批判の的ともなる。

なんとか消費する流れを作りたいという思いが、政府をプルサーマルへと突き動かしているのだ。

核のゴミを埋めろ

岐阜県瑞浪市東濃町――ここには「超深地層研究所」がある。岐阜県東濃地域にはウラン鉱山があって、１９７０年代から動燃による掘削が開始されてきた。１９９５年には「超深地層研究所」の建設計画が発表されて以来、地域住民と動燃（解体後は核燃サイクル開発機構、その後は日本原子力開発機構）とのせめぎあいが続いている。

ここでは、住民に秘密で30年以上も核廃棄物を地中に埋める研究が進められてきた。高知県東洋町の候補地受け入れ問題で一躍有名になった、高レベル核廃棄物の「地層処分」を研究する施設だ。

「地層処分」とは、読んで字のごとく核のゴミを地中深く埋め捨てにしてしまおうという計画である。再処理でウランとプルトニウムを取り出した廃液などの高レベル核廃棄物は、溶かしたガラスと一緒に金属容器に入れて固められる。これを「ガラス固化体」という。強い放射能を発し、３００度の熱を出しているため、中間貯蔵施設で30～50年間保管し、それ

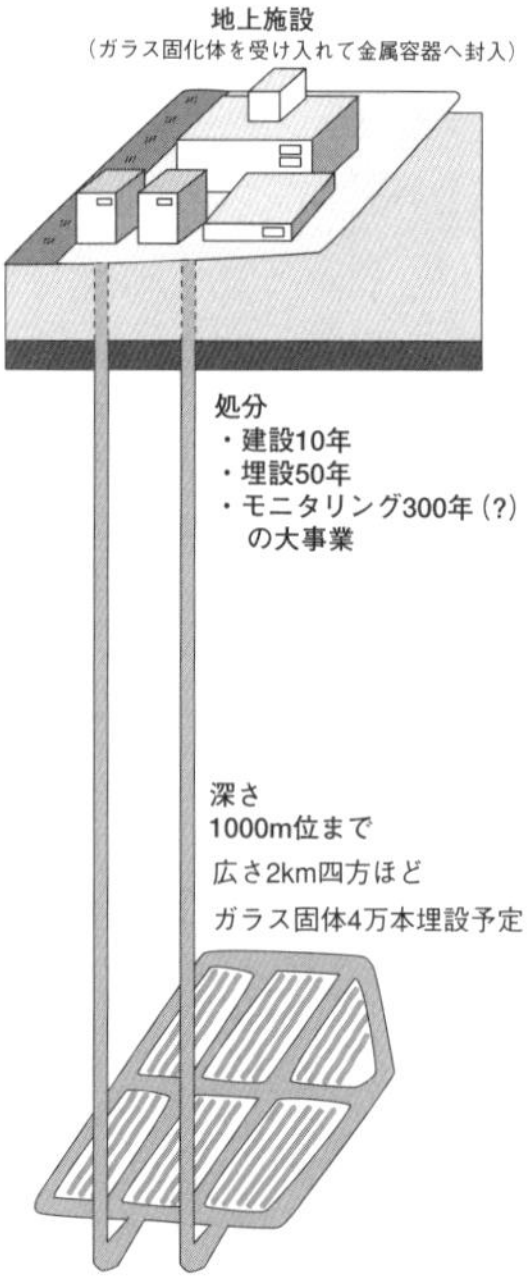

地層処分の仕組み
（NUMO資料より作成）

から最終処分地へ埋めるというのだ。ところがその最終処分地が決まらないのである。

国は2000年に「特定放射性廃棄物の最終処分に関する法律」を成立させた。「特定放射性廃棄物」とは「ガラス固化体」のことで、処分開始は2035年ごろとし、処分事業の実施主体として「NUMO《ニューモ》」（原子力発電環境整備機構）が設立された。2002年からNUMOは最終処分の候補地を公募しはじめ、それに名乗りをあげたのが高知県東洋町だった。地層処分をするにはさまざまな調査を実施し、地質などが適しているかどうかを調べなければならない。田嶋前町長はそのボーリング調査を受け入れ、見返りに年10億円の交付金を得ようとした。実地調査受け入れを立候補した場合、最大で70億円の交付金が自治体に支払われることになっている。これらの交付金は返還不要である。

東洋町では、町民の強い反対にあい、推進派の田嶋町長が落選。調査受け入れに反対する澤山保太郎候補が新町長となって、核のゴミを持ち込ませないという条例を町議会に提出、可決された。

住民さえ知らない最終処分候補地

同じ問題が、ずっと以前から岐阜県東濃町で争われていることは、周辺でもあまり知られていない。反対する住民は、研究施設がそのまま横滑りして最終処分場になることを最も危惧しているわけだが、このまま最終処分地探しが難航すれば、東濃町が最適の候補地とされる可能性がますます高くなる。

岐阜市に住む主婦を中心とした「マザーズ・アース」という市民グループに所属する河口るり子さんも、ほんの2年前まで東濃の最終処分場問題を知らなかったという。

「こんなに目と鼻の先に住んでいたのに、全然聞いたことがなかったんです。知人たちも皆そうでした。でも、知ってしまったらもう、絶対にほうっておけないと思いました。私たちの生活、生命そのもの、そして子どもたちの未来に関わることですからね」

河口さんらは、処分場に反対するチラシを作って近くの喫茶店に置いたり、原発の実態を描いた映画の上映会を開いたりしながら、自分たちにできる活動を始めた。反対署名も集めると800人もの人が名前を書いてくれた。

「お話しするとたいていの人は、わかってくれます。問題をちゃんと理解しさえすれば、だれもが本当は反対なんです」

あるとき、喫茶店で知人たちに処分場の問題を説明していた。話し終えると、近くの席に座っていた見知らぬ男性が河口さんに近づいてきた。

「最初は変な活動をしている人かと思っていたけど、あんたの言ってることは正しいと思う。わたしも反対するから、頑張ってほしい」

そう励ましてくれたそうだ。

昨年、集まった署名を瑞浪市長に手渡したとき、市長に「わたしは処分場にしないといって当選した人間ですよ」といわれた。

しかし、〝絶対〟が存在しないのが政治の世界だ。超深地層研究所は『東濃地域が処分場にならない理由』という資料で、「国は処分地にならないことを確約」していると説明する。しかし、この中には「地元が処分場を受け入れる意思がないことを表明されている状況においては」という条件が付いている。

このようなレトリックは「ＮＵＭＯ」の名前にも表れていて、核開発関連組織の十八番である。NUMOの英語の正式名は「Nuclear《ニュークリア》（核）Waste《ウエイスト》（廃棄物）Management《マネジメント》（管理）Organazation《オーガナイゼイション》（機構）」である。略称に「W」（Waste＝廃棄物）が入っていないところがミソだし、日本名だと「原子力発電環境整備機構」になる。どこにも「廃棄物」という単語は入っていないばかりか「環境」という口当たりの良い言葉にすり替えられている。

六ヶ所再処理工場を経営する日本原燃・児島伊佐美社長などは、「被曝という言葉は過剰に心配を招く面があるから使わないようにする。今後は『体内取り込み』などの表現に統一したいと考えている」と公に述べて大きな顰蹙《ひんしゅく》を買っている。

「マザーズ・アース」はごく普通の女性たちが、自分たちにできることを模索しながら活動を広げつつある。

「本当にわかってもらいたいから、なるべく直接会って話をするようにしています。そのほうが人間として伝わるように思うんです」

人として考えるなら、核開発が必要だなどと思えるはずがないという確信が、河口さんにはあるのだ。

六ヶ所村再処理工場の下にも断層が

地球温暖化の危機が叫ばれるのに乗じて、「原発は石油燃料を使わないからクリーン・エネルギー」と電力会社が大きく宣伝を始めた。実際には、原料のウラン採掘、その精錬、濃縮のすべての段階で、ぼう大な資材とエネルギーが消費されていることはいうまでもない。また原子炉製造やプラント開発は大企業が携わる一大プロジェクトである。そこでは当然エネルギーが湯水のように使われる。

原発はただ、「ウランが燃える時にCO_2を排出しない」だけだ。ましてや、生み出される核のゴミの処分・管理にかかる手間、労力、年月、危険性を考えれば、ロー・コストとも炭酸ガスフリーともまったく無縁である。

2007年6月16日、「止めよう再処理　全国市民集会」を取材するため、寝台特急で青森市に向かった。集会には東京、大阪などの都会からの参加者も多く、日本消費者連盟の富山洋子さんが全国の生協で再処理反対を呼びかけることになったと発表するなど、今後の活動の広がりを期待させる盛り上がりを見せた。また、前日の日本原燃との会談では、4月に発覚した11年間にわたる工場の耐震設計ミス隠蔽問題を追及、さらには微量ながら海草から

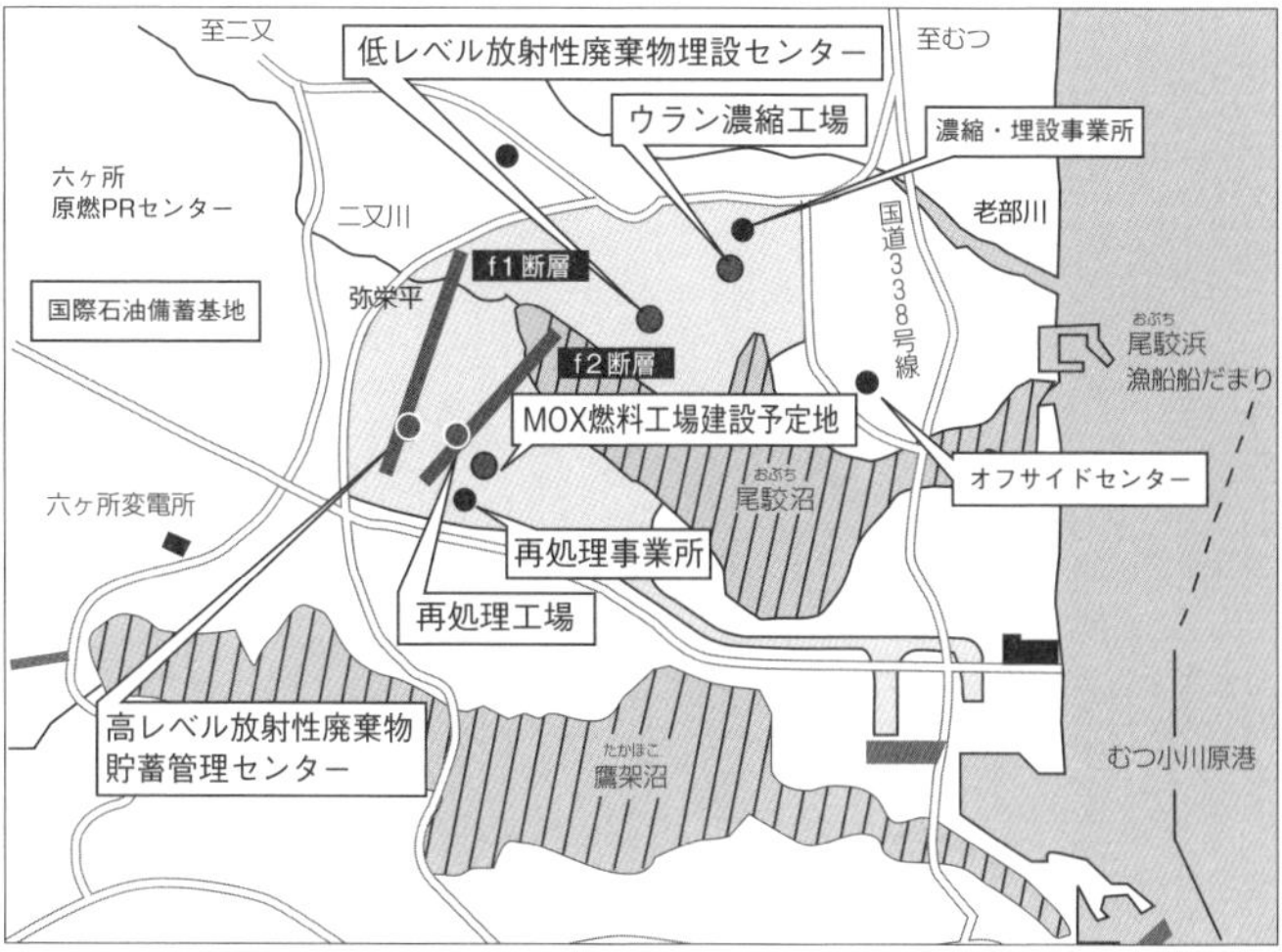

核燃サイクル施設の直下を走る2本の断層

プルトニウムが検出されたという事実が指摘された。

六ヶ所再処理工場の真下には、断層が2本走っている。これは日本原燃の関連会社「日本原燃サービス」の内部資料から明らかになったもので、1988年10月8日に『東奥日報』が大きく報じた。日本原燃はその事実をあらかじめ認識していながら、「断層隠し」を行ない、核燃サイクル施設を次々と建設した。そして今度は、耐震データ偽装をしていた疑いをもたれている。

会場で「花とハーブの里」代表の菊川恵子さんと会うことができた。菊川さんは地元で粘り強い反対運動を続けてきた女性で、映画『六ヶ所村ラプソディー』の主要登場人物でもある。

再処理工場の耐震設計ミス問題では、永田文夫さんらと連名で、日本原燃へ要望書を提出した。

青森市内から菊川さんの車に便乗して約1時間30分、六ヶ所村に着いたのは午後7時近くだった。チューリップ畑に立つと、遠くの丘に夕陽に翳る風力発電の風車が見えた。

六ヶ所村に集う人々

「花とハーブの里」には3人の若者が滞在していた。農業ボランティアで菊川さんの仕事を手伝っているのだという。

埼玉県出身の山之内茉由子さんは、六ヶ所村に来て1カ月以上になる。長崎の原爆資料館を観て衝撃を受け、原発の問題に注目するようになった。兵庫県出身の松田真央さんは、バイクでの日本縦断にもチャレンジしており、2週間ほど前に「花とハーブの里」にたどり着いた。二人とも19歳の若者で、六ヶ所村のことは、『ラプソディー』を観たり、「ウーフ」の仲間に口伝えで聞いてやって来たのだという。「ウーフ（WWOOF）」とは金銭のやりとりなしに「食事・宿泊場所」と「労働」を交換する仕組みのことで、働き手たちのことは「ウーファー」と呼ぶ。彼女たちは3人ともその「ウーファー」であった。

神奈川県出身の小清水由利さんは28歳、菊川さんのところはゴールデンウィーク以来、二度目の滞在という。彼女は管理栄養士の資格を持っているが、仕事を休止して「ウーファー」となった。映画『六ヶ所村ラプソディー』を3回見て、六ヶ所村を訪ねようと決めた。今年の夏至、アース・デーに六ヶ所村へピースウォークの参加者が集合するので、その手伝いのためにここを再訪した。そしてもう一人、「花とハーブの里」のスタッフ・山本美子さんは、勤めを退職してから市民運動団体の事務局で働いた経験があり、菊川さんと出会って意気投合、住み込みで働きはじめた女性だ。

菊川さんのファーム「花とハーブの里」入口

4人に共通しているのは、六ヶ所村を「自分の目で見たい、肌で知りたい」「自分にも何かができるかもしれない」という思いだ。六ヶ所村を自分自身の問題としてとらえるために、若者たちはここに集結した。そして、村の暮らしの根っこには〝核〟があることを感じた。

ウラン濃縮工場の隣りに小学校を建設

翌日、早朝から菊川さんに村をガイドしてもらい、各所を車でめぐった。村をめぐるのは楽しくも奇妙な体験だった。広々と拓かれた酪農牧場を撮影し、再処理工場へと向かう道の途中にはまるで原生林のような一帯が広がる。これらは開発用地として買収され、いまだ手つかずのまま放置されている土地という。

原野を縫う曲がりくねった道を抜けると、広くまっすぐな道路に出る。核施設へと通じる道だ。かつて菊川さんら反対派の人たちが核燃料の搬入を阻止すべく、ピケラインを張った場所でもある。全国から集まった女性たちが座り込みをしたが、屈強な男たちにいとも簡単に排除されてしまったという。

再処理工場の正門前に車を着けてもらい、撮影のために外に出た。警備員がものものしい雰囲気を漂わせているのは、昨日の市民集会の参加者たちがやはりここに押し寄せる予定があるからだ。阻もうとする警備員としばらく押し問答をしてから、手早く撮影を済ませ、車内に戻ると、菊川さんから信じられないような話を聞いた。

「今、ウラン濃縮工場の隣りに小学校を建設中なんですよ」

日本原燃の正門から巨大な再処理工場を見下ろす

丘の上には林立する風力発電の風車。左には再処理工場が並んで立っていた

「外の人から見たら、なぜそこまでやるのかと思うかもしれませんが、推進派の人たちはマヒしているんです。みんな村の公共工事で仕事をしていますから、安全とか危険とか、そんな感覚はもうマヒして、なくなってしまっているんです」

車窓から見える街並みは、先ほどまでとうってかわって近代的な建築物が立ち並ぶ。丘の上には風力発電の巨大な風車がたくさん据え付けられ、街を見下ろしている。その隣りには、「イーター（核融合実験施設）を六ヶ所村に誘致しよう」と書いた大きな看板が目を引く。豪華な温泉施設があり、18ホールに拡張造成中のゴルフ場がオープンを待つ。農村と原野といかがわしい未来都市——現在の六ヶ所村は、そんないびつなコントラストに彩られてしまっている。「核燃が来て、確かに豊かになった部分があるけれど、また一方で別の豊かさが犠牲になったのでは、と感じています。それは地域の人々の関係性の豊かさです」と鎌仲監督も指摘していた。

菊川さんに村の印象を話すと、静かな口調でこう答えた。

「原子力政策は放射能のゴミ問題を先送りして推し進められてきましたが、そのしわ寄せが六ヶ所村で顕在化しているのだと思います。それは原子力だけにとどまらず、権力者と庶民の軋轢《あつれき》、開発による経済成長と自然破壊、豊かさと貧困など、日本社会の矛盾全てが、小さな村ゆえに浮き彫りになって見える、ということではないでしょうか」

「核燃にたよらない村づくり」

菊川さんの両親は近隣の三沢から六ヶ所村に入った入植民だった。菊川さんは3歳から14歳までを六ヶ所村で過ごし、その後、集団就職で都会に出て、結婚もした。子どもの頃を過ごした下北の野山は、都会にいても忘れられなかった。

放射能汚染の問題に関心を抱いたのはチェルノブイリ事故がきっかけだった。核燃施設が建設される故郷六ヶ所村のことを思うとじっとしていられず、90年3月に家族全員で故郷へと戻った。以来17年、菊川さんは土地に根を生やしたような核燃反対運動を続けてきた。その間に子どもたちは独立し、夫とは別居した。8年間介護してきた父母を失い、祖父と両親が開墾した土地を受け継いで、チューリップを植えた。そして「核燃にたよらない村づくり」を訴えて、13年間「チューリップまつり」を毎年休まず開催してきた。しかし、こうした活動に横やりを入れる動きも多かった。

「ここ豊原は戸数11戸の小さな集落で、皆と小さな頃からの顔見知りなのですが、初めの5、6年は異端子扱いをされました。今では普通に付き合えるようになりましたけれど……。

また、パトロールカーや公安警察の覆面パトカーが、定期的に巡回して監視しています。まったく不本意なのですが、潜在的なテロリストとして見られているようです。同じ村の中でも住んでいる集落から離れるほど、そう見る人が多いようですね」（菊川さん）

「花とハーブの里」のこれからを聞いた。2007年3月に農業法人として登録したばかりで、「チューリップまつり」のほかに、スロー・カフェの経営、グリーン・ツーリズムの企画・運営、農業体験など、地域の産物や自然を活かした地域おこしの産業をつくりあげていきたいという。地元に核燃施設以外に勤め口がないのなら、ささやかでもその受け皿を作ろう、村のこれからを担う人たちにもう一つの選択肢を示したいという願いがあってのことだ。本州北端・六ヶ所村の自然は素晴らしい。その唯一無二の魅力を全国に発信できれば、村はもう一度生まれ変わることができるはずだ。

「突き詰めて考えると、ふるさとを守りたい、という思いがあった。育児に、介護にと疲れきって、その中で必死に反対運動をしても事業が着々と進んでいく。そんなとき、何度も絶望しました。入院して物理的に動けなくなったときには、ホッとしたものです。でも、そのたびにまた動き出したのは、心から支援してくださった方々がいてくださったから。今はいい出会いがたくさんあります。ウーファーの人たちもそうですが、新しい人たちとつながりができていっているなあと感じます。これまでになかった貴重な体験ですね。体力に合わせて動き、若い世代に少しずつ手渡していきたいと思っています」（菊川さん）

映画『六ヶ所村ラプソディー』の影響はやはり大きかった。上映以来、「花とハーブの里」を訪れる人の数は飛躍的に増えた。老若男女を問わず、「知りたい」という真摯な思いから村に人が入ってくるのだ。彼らはやむにやまれず「花とハーブの里」を訪れ、そしてここで様々な人と出会うことにより、また新たな関係が結ばれていく。

「点から線へ、線から面へ、そんな勢いで広がっているみたいです。これは私たちにとって大きな希望です」（菊川さん）

「六ヶ所村には日本が凝縮している」

鎌仲ひとみ監督は語る。

「一方の車輪で環境を破壊し、また一方の車輪で経済を回す。そういう二つの車輪を回してきた、それを支えてきた構造が、六ヶ所村にもっともあからさまに見えています。わたしは、これからも見つめてゆきます。そして映像も時期に応じて撮って、記録してゆくつもりです」

私たちと六ヶ所村との関係――それは都市と僻地とのいびつな関係に集約される。原発の建設が絶対に都市で進められないのは、人口が大きく、社会資本が集中しているからだ。つまり僻地であるほうが、事故が起きた時に犠牲者が少なくて済み、社会全体へのダメージも小さくて済む、という論理である。

だが、原発で発電された電気の恩恵を最も受けているのは、私たち都市生活者だ。潤沢な電気エネルギーによる快適な生活と引きかえに、原発という危険な施設を僻地に押しつけているのだ。だから、都市に住む者こそ、原発立地の現実をよく見つめなければならない。核施設は立地地域の環境を汚染し、経済の自立性を壊滅させ、住民の心そのものを挫くものだ。原発や核燃施設立地地域から見た場合、私たち電力消費者は〝加害者〟であることを自覚しなければならない。そして全国の原発から核のゴミを押しつけられる六ヶ所村は、最も過酷な犠牲を強いられている〝被害者〟である。

しかし、再処理工場が稼動を開始すれば、そんな構図が大きく変わる。日常的に垂れ流される莫大な放射能は、国土そのものを破壊し、海洋を回復不能に汚染するほどの脅威となる。最大の被害者が未来の加害者へと変わろうとしている。すべては私たち自身の無関心が招いた事態であり、それを止められるのもまた私たちの意志をもってするほかにない。

――「六ヶ所村には日本が凝縮している」とは、そういう意味なのである。

かつて菊川さんが通っていた千歳小学校に立つ菩提樹の巨木を見せてもらった。樹齢にすると何百年の巨樹だろうか、子どもの頃からほとんど変わらぬ大きさだという。緑の葉は幾重にも折り重なって、上へ横へと、何者にさえぎられることもなくのびのびと繁っている。国策に屈服させられ、エネルギー政策の変遷に翻弄されてきた六ヶ所村だが、いまだ大地の力は生きている。声高ではないが、けっして絶えることのない強さを秘めた土地の意志が、この木に、そして菊川さんの小さな体に宿っているように思えた。

＊本書の原発事故シミュレーションでは、瀬尾健氏の原著にしたがい、
１９９５年当時の市町村名・人口数を用いた。

エピローグ

　ここに二つの雑誌がある。一つは『サーフィンワールド』という月刊誌、もう一つは『週刊モーニング』という漫画誌である。ともに核開発問題を取り上げるには不似合いな雑誌という印象だが、ほぼ同時に両誌になんとも対照的なかたちでこの問題が取り上げられた。

　『サーフィンワールド』２００７年７月号は、「難しくても知っておかなきゃ！　いま海で何が起こっているのか!?」と題したカラー４ページの特集を組み、六ヶ所再処理工場がどのように放射能で海を汚染するかを検証、「どれだけ危険なことが日本で起ころうとしているのかを知ってもらいたい」と訴える。

　一方、『週刊モーニング』２００７年６月７日発売号の人気マンガ「専務　島耕作」は、のっけから「もんじゅ」を主人公が訪問する場面で始まり、発電所内部の見学シーンでは原子力研究機構担当者の説明を忠実に引用して描いていく。見学を終えた主人公と原研担当者は「地元でとれた魚のうまい」小料理屋に繰り出し、おかみを相手に「もんじゅ」が実現するだろう核燃料リサイクルの幸福な未来について5ページにわたって解説を展開する。最後に「近い将来、高速増殖炉を世界中が使うことになるのは間違いない」「はっきりゆうて原発反対なんていってる場合じゃない」というセリフでこのシーンは締めくくられる。

『サーフィンワールド』の記事が、六ヶ所村および周辺の取材を通して「現実的な環境問題をしっかり考えてほしい」という視点から書かれているのに対し、『専務 島耕作』の方は政府や電力会社の広報を繰り返すだけの内容である。大企業の無表情なビジネス・エリートが登場するばかりで、若狭に住む人間の実態などは最初からまるで描くつもりがない。そういう意味で、この作品は核開発が持つ人間不在の一面を、そっくり映し出しているといえるかも知れない。本来カウンターカルチャーとしての機能を担うはずのマンガというメディアにしては、非常に不名誉なことではあるが。

本書の最後に、どうしても解いておきたい疑問が残った。そもそも国策とは何であるのか。どうして国は、大きな犠牲を省みようとしないのか。そして、なぜ情報がひた隠しにされるのか——といった疑問だ。

まずは日本における原子力開発がどのようにして始まったのか、それを簡単に振り返ってみることにしよう。

日本の核開発の歴史

1945年8月、敗戦国・日本はアメリカの統治下に置かれ、核開発の一切が禁じられた。日米の戦争を終結させたのは2発の原爆であったと語り、辞任した防衛大臣もいたが、広島と長崎に落とされた原爆は、それぞれ違った工程で造られたものである。

核分裂の連鎖反応を爆弾のエネルギーに結びつけるには、優良な燃料が不可欠である。燃料とはウランのことだが、天然ウランはそのままでは純度が低く、濃縮して純度を高めなければならない。こうして出来上がった「濃縮ウラン」が広島に落とされた原爆「リトルボーイ」の材料となった。

原爆製造にもう一つの道がある。ウランをプルトニウムに転換する方法だ。プルトニウムを作るには「燃えない」ウランに中性子を当ててやればよい。そのために世界初の原子炉がアメリカで建設され、取り出したプルトニウムから長崎型原爆「ファットマン」が製造された。

この原爆製造の二つの流れが、そのまま戦後の「原子力開発」に直結している。原発で使用される燃料を作る「ウラン濃縮」、燃えないウランに中性子を当ててプルトニウムを作る「転換」、そしてそのプルトニウムを取り出すための「再処理」。どれも本書の読者には、もうおなじみのある言葉であるはずだ。つまり原爆開発技術を「平和利用」するのが原子力発電ということができる。

長く核開発に関する研究を中止させられていた日本で、それが再開されることになったのは1954年3月。のちに総理大臣となる中曽根康弘（当時は改進党の国会議員）が「原子力開発予算」を提出し、国会で承認された。この時の予算額2億3500万円は、「ウラン235」との語呂合わせだったという。この年にビキニ諸島近海で日本の漁船がアメリカの水爆実験による死の灰を浴びるという「第五福竜丸事件」が起きていることを思えば、これは実にたちの悪いブラックジョークだった。

これ以後、日本では「原子力」という呼び方が公に使われるようになる。英語に直訳すると「Atomic Power《アトミック・パワー》」となるが、英語ではこんないい方はしない。原子力とは「Nuclear《ニュークリア》」であって、すなわち核兵器の「核」のことだ。たとえ平和利用と標榜していても、それが軍事目的の開発に直結する技術だということを隠そうとしてはいない。このあいまいな言葉の用い方が象徴しているように、日本の核開発はつねに国民の目から隠されながら進められていった。

66年、日本初の原発「東海1号炉」が茨城県水戸市近郊で運転を開始する。持ち主は日本原子力発電会社（日本原電）。以後、原発建設ラッシュが始まる。戦後、北海道、東北から九州までの9社に再統合された電力会社は、各地域ブロックで独占的営業を認可されていた。それが例外なく原子力発電に手を染めていった（２００７年現在、10社目の沖縄電力だけは原発を保有していない）。

当時は「原子力は夢のエネルギー」という認識が世界を覆っていた。地球の一部地域に資源が集中する石油に比べ、ウランの産地は世界各地に散らばっているし、石油エネルギーの涸渇が不安視されていたからだ。アメリカ、ソ連、イギリス、フランスなどは国を挙げて核開発に血道をあげ、ドイツ、日本という敗戦国がそれに続いた。その背景には東西冷戦の構図があり、核兵器によるパワーバランスへの意志があったことはいうまでもない。

原発は〝打ち出の小槌〟

東京電力が福島で電力会社最初の原発の運転を始めてから約40年。これまで電力各社は一貫して原発拡大路線を走ってきた。電力会社にとって、原子力発電はそれほどまでに魅力的な事業なのだろうか。

電力会社は、一株式会社であると同時に公益事業者だ。社会への安定した電力供給を保障するためには、景気の変動などで会社が簡単に倒産してしまっては困る。そのため国は１９６４年に「電気事業法」を作り、全国10社の電力会社以外に電気の小売をしてはいけないと定めた。電力会社に電気を卸売する発電会社も国の許可を受けた会社以外は存在できなかった。そのうえで、電力会社は一定の利益を得ることが保証された。

ちなみにこの法律は発電コストの競争を阻害するとして95年に改正され、現在では個人でも電気を作り電力会社に販売したり、小売をすることが認められるようになっている。見直しの圧力になったのは、景気の長期低迷にあえぐ産業界の悲鳴だった。国際的に見て非常に高い日本の電気料金が製品コストを引き上げ、国際市場での競争に不利と槍玉に上がったからである。

日本の電気料金は先進諸国中、とび抜けて高い。家庭向け電力で比較すると、イギリスは1キロワットあたり約13円、フランスも13円、比較的高いドイツで約17円なのに対し、日本は約23円である。アメリカは日本より高いが、産業用電力で見ると、アメリカ９・６８円に

■電気料金算定の仕組み

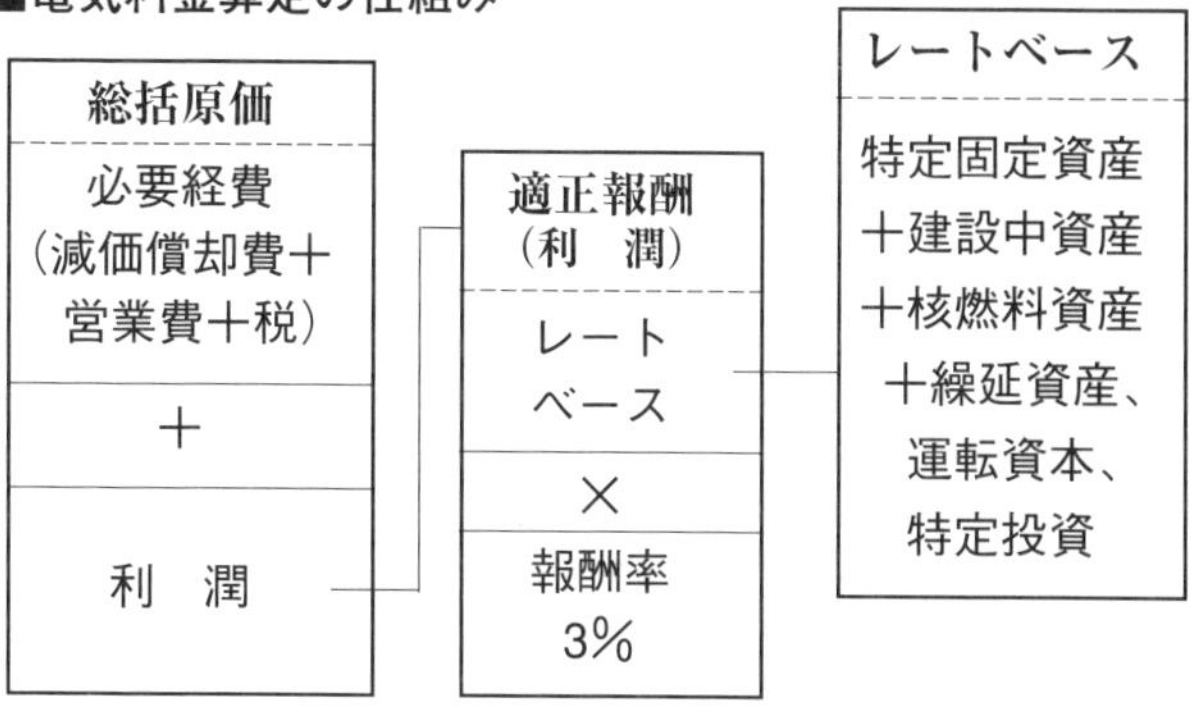

対して日本は13・65円である。

さて、上の図を見てほしい。これは電力会社の電気料金算定の仕組みを簡単に示したものである。電力会社は保有する発電向け固定資産（「レートベース」）の大きさに応じて利潤を電気料金に上乗せできることになっている。「適正報酬」というのがその利潤の部分だが、資産に一定の数を乗じてはじき出される。保有する発電向けの固定資産が大きいほど利益も大きくなるという仕組みだ。

レートベースの中身を見てみよう。

「特定固定資産」＝電気事業固定資産。つまり発電に必要な設備などの固定資産。

「建設中資産」＝その年度にいまだ完成していない建設中の建屋、設備やプラント。

そして「核燃料資産」。

「建設中資産」が報酬のベースに組み入れられるというのは、いかにも公益法人保護のため行なわれそうな措置だが、現在停止している原発や稼動できないままの原発も、この中に含まれている。そして「核燃料資産」だが、ここには加工中の核燃料も含まれる。イギリスやフランスに再処理を依頼した使用済核燃料も立派な「資産」だし、本来なら核のゴミに過ぎない使用済燃料棒も再処理待ちの「資産」とされる。それがいったい何年後に使えるのか、まったくめどが立っていなくてもである。それらは、私たちの電気料金に上乗せされる大きな構成要素なのだ。

原発のような巨大プラントを持つこと、そしてそれが国策であるということは、電力会社にとって儲けを生み出す「打ち出の小槌」である。電力会社が原発志向を強め、建設に狂奔してきたのはそんな企業本能でもあった。だが、原発の運転は同時に大きなリスクを伴う。

核のゴミ処理コストは国民が負担

いま電力会社にとって最も頭が痛い問題は、核のゴミ処理問題である。高レベル核廃棄物を地下300〜1000メートルの超深度に埋めて処分してしまおうという計画が動き始めていることは前章でふれた通りだが、その事業主体は電力各社とされている。電力業界は、

40年後までに発生する使用済核燃料の貯蔵、再処理や最終処分にかかるコストを約19兆円と試算していた。実際にはそれでも賄えないかもしれない。

そこで国は電力会社救済の新たな指針を打ち出した。経済産業相の諮問機関である総合資源エネルギー調査会が、19兆円のうち15兆円のコスト回収を利用者負担とする指針を示したのである。残りの4兆円は、使用済核燃料を輸送し中間貯蔵する費用や、「MOX燃料」加工にかかる費用だが、これらも費用が現実に発生した時点で電気料金の原価に算入されることになっている。

なんのことはない。核のゴミの処分にかかるツケはすべて国民に回されることに決まったのだ。

製造者責任を問われない原子炉メーカー

もうひとつ確認しておきたいことがある。そもそも原発プラントの建設を請け負っているのは東芝、日立製作所、三菱重工、石川島播磨といった原子炉メーカーである。これらの企業は核のゴミの処理責任を問われないのか、という点である。

ご承知のように電化製品を廃棄する場合などは、メーカーとユーザーが応分にゴミ処理のコストを負担することになっている。自動車を廃車にする場合でもそうだ。だが結論からいうと原発については、製造者の責任はほとんどゼロみたいなものだ。

原発プラントの建設は国や電力会社からの請負工事であって、いわばオーダーメイドの製品を納入しているのと同じである。メーカーは手抜き工事、欠陥商品が出た時の製造責任は問われるが、プラントを廃棄する際の責任を問われることはない。ちなみに日立は中部電力・浜岡3号機のタービン羽根破損事故の補修費用などのため、2007年度の決算予想を550億円の赤字と大きく下方修正している。

また、解体された原発から出る廃コンクリート、鉄骨その他もろもろの廃棄物の98%が放射性廃棄物の指定から外された（クリアランス基準）。それらは単なる一般産廃として処分場に捨ててよいことになったのだ。放射能レベルがずっと低い医療用放射性廃棄物でさえ、そのままでは廃棄できないのに、長年にわたって放射能を浴び続けた原発の汚染ゴミは、いまや再利用されることさえ可能なのだ。

核のゴミがいかに危険で、厄介かはすでに見てきた通りである。どのような処分方法を考え出すにせよ、ゴミから出る放射能は何十万年も消えない。私たちはそれを何千世代ののちにわたって管理しつづけなければならない。これは算出不能なほど莫大な社会的負債となろう。

東芝、日立製作所、三菱重工といった原子炉メーカーは、いま、原発の輸出に力を入れ始めている。原子力産業協会の調査によれば、原子力業界全体の2004年度売上高は1兆3172億円となり、減少傾向が続いている（ピークは96年の2兆391億円）。ヨーロッパやアメリカ、日本といった先進諸国では今後原発の新規設置が容易に進まないことを見越し、中国、韓国、ベトナムといったアジア諸国、核エネルギー大国を目指すロシアへと原発プラントを積極的に売り込みはじめているのだ。

「原子力＝国策」の真の意味

2006年1月、東芝は米ウェスティングハウス社を5800億円超という巨額の金を投入して買収した。ウェスティングハウス買収劇は、当初は同社と関係の深い三菱重工との間で進められ、途中から東芝、日立製作所も参入、熾烈な競争の末、東芝が当初予算の2倍もの金額を提示して勝ち抜けた。加圧水型原子炉の製造に実績のあるウェスティングハウスは、おもに沸騰水型原発を手がけてきた東芝が総合原発メーカーの地歩を築くのに絶好の相手だったのだ。このように日本の原発メーカーは、M＆Aを繰り返しながら世界の核開発技術をそのふところに集めてきた。いまや民間分野では、日本が世界で最も進んだ核開発国といってもいい。

核の「平和利用」と「軍事利用」は一つの地平にある技術だ。最大の原発メーカーである三菱重工が、国内最大の兵器製造業者でもあることはよく知られていることだが、これまでに蓄積した技術と経験をもってすれば日本でも核兵器を製造することは、十分可能である。

2006年、日本政府はカザフスタン政府とウラン資源の輸入・開発協定を結んだ。前年には、自民党中川昭一政調会長が「日本も核武装の議論をしていい」と発言、呼応するように麻生太郎外務大臣も「一つの考え方としていろいろ議論しておくことは大事」と国会で述べ、安部首相も発言の撤回を求めなかった。この一連の発言は「中国が懸念する」と米ブッシュ大統領をあわてさせた。

2007年5月、憲法改正の手続法である「国民投票法案」を強行採決した自民・公明連立政府は、次に「集団的自衛権」の解釈を検討する委員会を設置。国際的軍事行動の可能性を模索し始めた。そして早ければ3年後には憲法の「改正案」が示される。これらはすべて一連の動きと考えていい。軍備拡張、軍隊創設を考える時、当然ながら核武装も視野のどこかに入ってくるからだ。

だが被爆国・日本が「非核国家」であることは国民全体のコンセンサスであり、それを破ろうとするような政治的な動きはタブーであった。しかし政治家たちは「敗戦国」から「先進国」へ脱皮するには、国内に核兵器開発能力を保有しておくことが必要だと考えてきた節がある。戦後の冷戦構造下にあって、東西の主要国は際限のない核兵器開発競争を続けていた。その結果、国連の常任理事国イコール核兵器保有国という構図が出来上がり、核兵器を持つことこそが大国の条件となった。日本は「非核三原則」を掲げており、公に核兵器の開発に取り組むことはできない。ならば次善の策として潜在的な核保有国であればよい——と考えたのだ。必要となればいつでも核兵器を製造できる技術的ポテンシャルを持つこと、それが国際社会で「勝ち組」であり続ける条件であった。「原子力」という言葉を隠れ蓑に、莫大な予算をつぎこんで「核開発」にいそしんできたのには、そんな隠れた意図があったというわけだ。

やがてソ連の崩壊によって冷戦構造の終焉を迎え、核管理の時代が始まった。核不拡散条約（NPT）の締結、国際原子力機関（IAEA）の設立など、一見これらは世界的な軍縮の流れと見える。そんな中、いまや世界トップクラスの核開発技術を有する日本は、国家としてどんな未来を構想しているのか。

理屈でいえば、もう十分だろう。すでに蓄積されたプルトニウムの量は海外から危険視されるレベルにまで達している。日本は核開発を停止してもいい——という結論になる。しかし現実は違うようだ。国は是が非でも核燃料サイクル構想を推進すべく、「新・国家エネルギー戦略」を打ち出した。2006年5月発表の「最終とりまとめ」によると、この戦略の意図するところは以下の通りとされる。

①国民に信頼されるエネルギー安全保障の確立
②エネルギー問題と環境問題の一体的解決による持続可能な成長基盤の確立
③アジア・世界のエネルギー需給問題克服への積極的貢献

そのための具体的目標として、2030年までに石油依存度を40%を下回る水準にすること、原子力発電目標を30~40%とすること等が掲げられている。

そしてこの「新・国家エネルギー戦略」の中に、日本がなお核開発の進展にこだわり続ける理由を読み取ることができる。

新たな意義づけの登場

2006年1月、米国は一般教書の中で、2025年までに中東からの輸入原油の75%を代替するという目標を掲げた。それを受けるかたちで2月に提案されたのが、「国際原子力エネルギー・パートナーシップ（GNEP＝ジーネップ）構想」である。これは簡単にいうと、世界を「原子力パートナーシップ国」とそうでない国に分けてしまおうというものだ。パートナーシップ国として想定されているのは、米、英、仏、ロシア、中国、そして日本。パートナーシップ国は、核燃料の濃縮、再処理を行い、高速炉を開発・利用していく。非パートナーシップ国は、濃縮・再処理技術の開発を放棄させられ、パートナーシップ国から発電用の核燃料を購入し、原子力発電のみを行う。使用済核燃料はパートナーシップ国に返還される。

経済産業省は、「ジーネップ構想」を「将来のエネルギー枯渇、気候変動に重要に関わる問題」としているが、内容を見れば明らかなように実際には「核の不拡散」を最大の目的とした構想である。つまり世界は「燃料供給国グループ」と「原子炉使用グループ」に分けられ、後者は開発技術をもたないただの核燃料消費国になる。アメリカ主導のグローバルな核管理政策の下、世界を核の「上流」と「下流」に二極分化してしまおうというものである。

袋小路におちいっていた日本の核開発は、ここに進むべき活路を見出した。「新たな枠組みの実現に向けて、我が国が積極的に協力・貢献することの必要性が増している」「我が国でこれまでに蓄積された技術的強みなどを発揮して、世界的な原子力発電の推進に先導的な役割を果たす」（「新・国家エネルギー戦略」）などと官僚が意気ごんだ調子で書くのは、核開発を国策としてあらためて位置付けし直すための意義を示したいからだろう。ジーネップへの参加表明により、日本はようやく核開発の「上流」国という国際的なひのき舞台に立つことができるというわけだ。

また、実効的な「メリット」もあるようだ。地球温暖化が国際社会の重要課題となり、CO_2削減が世界の緊急課題とされる中、評判の悪い「CDM」（Clean Development Mechanism）なる制度が浮上している。これは先進国が途上国に技術、資金を支援して温室ガスの排出を削減できた場合、その削減できた量の一部を先進国のCO2削減量として横取りしても良いという制度だ。CO2削減の本質的な目的から逸脱する行為であり、当然、開発途上国からは先進国エゴだとの批判が根強い。ところが日本は、この「CDM」の対象に原子力発電を加えるよう積極的に働きかけるというのである。これから原発を積極的に輸出しようとしている日本にとっては、一石二鳥のおいしいやり口である。この原子力エゴも相当なものだ。

「新・国家エネルギー戦略　最終取りまとめ」には、全25ページ中「原子力立国計画」の記述が5ページにわたって展開されている。全文は資源エネルギー庁のホームページからダウンロードすることができるので、一度目を通してみることをお勧めしたい。あまりにも先走ったその内容には、官僚たちの空疎な情熱が感じられ、そら恐ろしささえ覚える。

ハリボテにすがる核開発関係者

2007年5月、高速増殖炉「もんじゅ」に再びナトリウムが注入された。11年間の運転停止期間中、いったいどのような補修が施され、どんな安全対策が講じられたのかまったく明らかではないまま、2008年5月の運転再開をめざして改造工事が急ピッチで進められている。

投入されている予算は年間200億円以上。いち早くこの実証炉を稼動させ、2050年以前に商業炉を軌道に乗せる計画を突き進めようとしている。その技術的な困難さ、安全面での危うさから各国が放棄してきた高速増殖炉開発に、日本が積極的に取り組もうとする理由は、参加を表明した「ジーネップ構想」の中で技術的なイニシアティブを取りたいという狙いがあるからだ。

他国が単なる「高速炉（燃焼炉）」を造り、プルトニウムを燃やして減らそうと計画する中、日本だけはプルトニウムの「増殖」にこだわっている。これは「核不拡散」の理念に反する行為でもある。また、プルトニウムを分離する六ヶ所型の再処理方式が「核拡散リスク」を高めると指摘されていることにも注目しなければならない。ジーネップでは、新しい再処理技術開発の必要性を掲げており、米ブッシュ大統領でさえ民生用のプルトニウム利用を奨励してはいないのである。「ジーネップ構想」に従うならば、六ヶ所再処理工場はすぐにでも閉鎖しなければならない。

さらにいえば、この「ジーネップ構想」自体がハリボテのようなものでもある。核不拡散のために立ち上げた国際的枠組みの創出といえば聞こえは良いが、実はアメリカの内情不安が計画立案の最大の動機なのである。

原発先進国アメリカでは、当然日本より以前に「核のゴミ」問題に直面している。ネバダ州のヤッカマウンテンが最終処分場として決定しているが、いまだ根強い拒否反応があって2012年の運転開始がおぼつかない状況だ。たとえ運転が開始できたとしても、すでに貯められている莫大な核のゴミを持ち込むだけでヤッカマウンテンの処分能力の限度をこえてしまう。議会では第二処分場の必要性が訴えられているが、現実に立地を探すこと自体が非常に困難な情勢なのだ。

貯まり続けていく核のゴミをどうするか——、そこで急浮上したのが処分場の数を削減できる「新たな再処理工場」への期待であった。米議会は２０１０年度中に複数の再処理施設の建設を義務づけている。また新規原発の建設が進まないことで産業界からの不満の声も大きい。再処理工場建設が進めば、それらを抑えることもできる。プルトニウム燃焼のための燃焼炉や途上国輸出向け小型原子炉の需要が高まれば原子力産業の再生にもつながる――。

結局、「ジーネップ構想」はこういった米国内事情とイラク、イラン、北朝鮮など核兵器がらみの国際的懸念が渾然一体となって出てきた「ぬえ」のような構想なのである。しかし、ここには大きな矛盾が存在することがわかるだろう。再処理でプルトニウムを取り出すことは核不拡散に反する行為であり、再処理施設推進のためには新しい「クリーン」な再処理技術が絶対条件になる。ところがそんな技術など、いまだどこにも存在していない。実現可能かどうかもわからない計画なのだ。関係者のあいだではすでに「ジーネップはアドバルーンに過ぎない」と冷ややかな声があがっている。日本では「米国が30年ぶりに再処理の動きを見せている」と報道され、六ヶ所再処理工場の運転開始を正当化する主張が聞こえてくるが、真実はそうではないのだ。

百歩ゆずってジーネップ構想の意義を認めるとすれば、それは核燃料（使用済核燃料も含む）を削減する可能性があることに尽きる。そのためには日本も早急にプルトニウムを減らす「燃焼炉」の建設や「新たな再処理方式」の開発に取り組む必要があるはずだ。それなのに、これまで費やした時間と金にこだわり、手っ取り早いからと斜陽化した再処理技術にしがみついているのだとしたら、これは根本的に間違ったやり方としかいいようがない。

２０３０年までに、廃炉となる原発を上回る数の新規原発の設置、脱石油エネルギーの名を借りて再処理政策の進展をうたう日本政府。そして、こうしたバブル需要を「原子力ルネッサンス」と喜ぶ産業界の軽薄さ。これらが日本のみならず、国際社会をも回復不能なまでに疲弊させることを看過してはいられない。まずは「ほんとうの真実」を知り、それにストップの声を上げること。それが「いかさまな真実」を挫く力になる。

おわりに

原子力専門家の責任——瀬尾健さんの選択

本書の中では、日本各地の原子力発電所の事故がどのような被害を生むか記されている。それらの根拠は、瀬尾健さんの著書『原発事故…その時あなたは！』（風媒社・１９９５年）から引用されたものである。

原子力発電所とは、広島原爆数千発分の死の灰を抱えた機械である。それを作り、運転しているのは人間である。壊れない機械はないし、ミスを犯さない人間もいない。当然、原子力発電所では日常的に事故も起きるし、めったには起こらないとしても破局的な事故が起きる可能性も常にある。しかし、原子力を推進している人々は破局的な事故は決して起こらないとし、そうした事故を「想定不適当事故」と呼んで無視してしまうことにした。

しかし、恐れていた破局的事故は１９８６年４月26日、旧ソ連チェルノブイリ原発で事実として起こった。瀬尾さんは、京都大学原子炉実験所における私の同僚であったが、チェルノブイリ事故の実態の解明に乗り出した。公表されるさまざまな情報から事故の全貌を解明しようとしたし、実際に現地を訪れもした。汚染した現地に立って、彼は彼の思いを以下のように書き残している。（「チェルノブイリ旅日記」（風媒社・1992年・158頁））

僕はぼんやりと遥か彼方を見ながら、昨日キエフ小児産婦人科研究所で聞いた話を思い出していた。この肥沃な地域には、チェルノブイリやプリピャチなど70もの町や村があり、13万5000人の人々が平和な生活を営んでいた。それがたった一基の原発の爆発で、一帯が汚染され、ひどい被曝をこうむり、着のみ着のままで外に追い出されたのだ。……とうとうやってしまったのだ。あれほど危険だと訴えていたのに……いったん事故が起きれば大惨事になると、口が酸っぱくなるほど……、僕はこのことを訴えてきたこれまでの自分の数十年が、急に虚ろなものになって行くのを感じた。藤田さん（伊方訴訟の住民側弁護団長）は、われわれの力が至らなかったと新聞で言っていたな……それはそうかも知れない……だけど、ここはソ連なのだ、ソ連の原発にまで手がまわるわけがない……いや、それは言い訳に過ぎぬ……現に日本の原発は、大事故と背中合わせで、今でも悠々と運転し続けているではないか……この事故の責任を「科学者」はどう取るのかと誰かが言っていたな……少なくとも僕には責任がないぞ……いや、原発は今の科学と技術が生み出したものだ。それで飯を食っている自分は、やはり完全に免責されるわけにはいかない……一般の人たちは、まず「科学者」に責任を全部おっかぶせることができる……そういう問題の立て方をしても誰も怪しまない……われわれはどうすればいいんだ……僕は少なくともやるべきことはやってきた……十分ではなかったかも知れないが……ここにこうして立っているのも、その軌跡の一つなのだ……しかし……

瀬尾さんは、その後、米国原子力規制委員会の災害評価手法を日本の原発に適用できるよう、膨大なコンピュータ・プログラムを作成した。それを誰にでも分かるように工夫と推敲を重ね、命を削るようにして遺してくれたのが『原発事故…その時あなたは！』であった。彼はその原稿を書き上げた1994年、ガンに侵されてこの世を去った。

日本を含め世界に原子力発電所が存在していることに関して、たしかに科学者には人一倍の責任がある。その科学者の一人として瀬尾さんは自らの命をかけて責任を果たした。できうることなら、私も科学者の端くれとして責任を果たしたいと思う。しかし、原子力の問題は科学者だけの問題ではない。都会に住む人々はその問題に向き合う機会を奪われてきたし、過疎地の人々は背負いきれない重荷を負わされて苦しんできた。原子力の問題は、人が人としてどのように生きるかを問う問題であると、本書の読者が受けとってくだされば、瀬尾さんはきっと喜ぶだろう。

二〇〇七年八月四日

小出　裕章

参考文献

『核燃料スキャンダル』グリーン・アクション、美浜・大飯・高浜原発に反対する大阪の会（風媒社）
『家族を守りぬく東海地震講座』土隆一、榛村純一（清文社）
『朽ちていった命—被曝治療83日間の記録』NHK「東海村臨界事故」取材班（新潮文庫）
『原発事故…その時、あなたは！』瀬尾　健（風媒社）
『原発ジプシー』堀江邦夫（現代書館）
『原子力と共存できるか』小出裕章、足立明（かもがわ出版）
『原子力と報道』中村政雄（中公新書ラクレ）
『原子力発電の話』竹内榮次（日本電気協会　新聞部）
『原発を考える50話』西尾　漠（岩波ジュニア新書）
『原子力　２００５』（日本原始力文化振興財団）
『最新日本の地震地図』岡田義光（東京書籍）
真宗ブックレット９『いのちを奪う原発』（東本願寺出版部）
『「チェルノブイリ」を見つめなおす』今中哲二・原子力資料情報室（原子力資料情報室）
『浜岡原発の危険　住民の訴え』（実践社）
『日本の活断層図』活断層研究会（東京大学出版会）
『日本の原発地帯』鎌田慧（新風舎文庫）
『腐食の連鎖』広瀬隆（集英社）
『放射能で首都圏消滅』食品と暮らしの安全基金、古長谷稔（三五館）
『闇に消される原発被曝者』樋口健二（御茶の水書房）
『六ヶ所村史』
「私、子ども生んでも大丈夫ですか」（ＰＫＯ法「雑則」を広める会）
「原発の来た町／伊方原発の30年」斉間満

その他、毎日新聞、朝日新聞、中日新聞、読売新聞、日経新聞、中国新聞、東奥日報など

＊取材、資料提供に協力してくださった方々に深く感謝いたします。ありがとうございました。

坂　昇二（ばん　しょうじ）
1963年、名古屋市生まれ。在日韓国人三世。早稲田大学政治経済学部政治学科卒。企業調査会社調査員を経て、編集者。

前田　栄作（まえだ　えいさく）
1950年、名古屋市生まれ。愛知大学文学部哲学科卒。フリーライター。著書に『虚飾の愛知万博』『尾張名所図会　絵解き散歩』がある。

〈監修者〉
小出　裕章（こいで　ひろあき）
1949年生まれ。東北大学工学部原子核工学科卒、同大学院修了。1974年に京都大学原子炉実験所助手になる。2007年4月から教員の呼称が変わり、現在は助教。専門は放射線計測、原子力安全。伊方原発訴訟住民側証人。著書に『放射能汚染の現実を超えて』『原子力発電と共存できるか』など。また、1987年版から年度版百科事典「イミダス」の原子力の章を執筆。

完全シミュレーション　**日本を滅ぼす原発大災害**

2007年9月15日　第1刷発行　　（定価はカバーに表示してあります）

著　者　坂　昇二　前田　栄作
監修者　小出　裕章
発行者　稲垣 喜代志

発行所　名古屋市中区上前津2-9-14　久野ビル
振替00880-5-5616　電話052-331-0008
http://www.fubaisha.com/
風媒社

乱丁・落丁本はお取り替えいたします。　＊印刷・製本／大阪書籍
ISBN978-4-8331-1076-1